COMPLEX UNCERTAINTY ANALYSIS AND MODELING OF
PHOTOVOLTAIC POWER SYSTEM AND ITS APPLICATION

光伏发电的复杂不确定性
建模分析及应用

郑雅楠◎著

中国经济出版社
CHINA ECONOMIC PUBLISHING HOUSE
北 京

图书在版编目（CIP）数据

光伏发电的复杂不确定性建模分析及应用／郑雅楠著.
北京：中国经济出版社，2017.9（2024.6 重印）
ISBN 978-7-5136-4808-0

Ⅰ.①光… Ⅱ.①郑… Ⅲ.①太阳能光伏发电—系统建模—研究 Ⅳ.①TM615

中国版本图书馆 CIP 数据核字（2017）第 187575 号

责任编辑　　姜　静
助理编辑　　汪银芳
责任印制　　马小宾
封面设计　　金刚设计

出版发行　中国经济出版社
印 刷 者　三河市金兆印刷装订有限公司
经 销 者　各地新华书店
开　　本　710mm×1000mm　1/16
印　　张　14.25
字　　数　200 千字
版　　次　2017 年 9 月第 1 版
印　　次　2024 年 6 月第 2 次
定　　价　69.80 元

广告经营许可证　京西工商广字第 8179 号

中国经济出版社 网址 http://epc.sinopec.com/epc/ 社址 北京市东城区安定门外大街 58 号 邮编 100011
本版图书如存在印装质量问题，请与本社销售中心联系调换（联系电话：010-57512564）

序　言

　　太阳能是我们这个地球上取之不尽用之不竭的能源，也是最大的可再生能源，将对人类应对气候变化发挥重要的作用。如何高效合理利用太阳能？其技术瓶颈是什么？为什么我们现在还有太阳能发电不能入网的"弃光"现象？太阳能发电入网会对电网、电力系统运行带来哪些问题？如何解决？……这一系列问题都是人们普遍关注的。作者在本书中回答了这些问题。

　　一方面，本书对太阳能资源的分布、太阳能发电的原理、技术特点，以及今后的发展趋势作了详细阐述。并且，在文字上深入浅出、简明扼要，起到了科普的作用。

　　另一方面，由于太阳能光照的不确定性，太阳能发电入网具有较大的复杂性及不确定性，从而出现一些"弃光"现象。作者基于复杂性科学的研究框架，从电力系统的复杂不确定性入手，引入了可行性理论，采用随机模糊变量的建模方法，提出了多种光伏发电复杂不确定性模型，并以此作为理论及实践的主要工具。为了研究光伏发电出力的不确定性对电力系统输电能力的影响，作者利用可用输电能力（Available Transfer Capacity，ATC）的概念，研究了 ATC 随机模糊评估的方法，给予评估。为了提高计算速度，作者利用自助法和多核并行计算技术，大大缩短了运行时间。

　　针对太阳能发电出力与用电负荷不匹配而带来的光电消纳问题，作者引入电力需求侧管理及能效电厂（Efficiency Power Plant，EPP）的概念，从电力系统的供需两侧同时进行调整，使能效电厂的作用得到更好的发挥，让能效电厂随着太阳能的变化而调整。通过能效电厂调节，可以科学合理地解决光伏发电就近入网消纳的问题，同时也解决了电力系统调节容量不足和无功配置不足的问题，这是一个很好的思路。

最后，作者通过综合资源战略规划（Integrated Resource Strategic Planning, IRSP）研究了我国未来 20 年的电力发展规划、能效电厂规划，以及太阳能发电规划，分析了能效电厂及光伏发电在我国节能减排中发挥的重要作用。

我与作者共事多年，其扎实的理论功底奠定了他雄厚的研究基础。更难能可贵的是作者具有非常认真严谨的科研态度，当前，这在年轻学者当中是非常值得提倡的。相信这本书会为读者带来一些专业知识的补充，为一些电力系统的专业人员带来一些启示、启发以及灵感。这也是我读完此书稿之后的一些感触。

胡兆光

2017 年 7 月 20 日

前　言

经过改革开放 30 多年的发展，我国取得了举世瞩目的成就，但随着经济增长由高速向中高速换挡，经济发展新常态以及复杂多变的外部环境促使我国必须走转型发展的道路。长期以来我国以煤炭为主的能源消费结构导致资源环境压力日益加大，能源的绿色转型受到高度重视，政府大力推动能源领域的生产和消费革命。2005 年以来，我国开始建立以《可再生能源法》为基础的支持可再生能源发展的政策体系，推动水电、风电、太阳能、生物质能等可再生能源快速发展。截至 2016 年底，全国可再生能源发电总装机容量达到 5.7 亿千瓦。其中，水电、风电和太阳能发电累计装机容量分别达到 3.3 亿千瓦、1.5 亿千瓦和 7800 万千瓦；全部可再生能源发电量约为 1.6 万亿千瓦时，约占全社会用电量的 26%；太阳能热利用面积达到 4.4 亿平方米，地热能利用面积达到 5 亿平方米，各类生物质能利用量约 3500 万吨标准煤。非化石能源占一次能源消费总量的比重达到了 13.3%，比上一年度提高了 1.3 个百分点，加速推动了我国能源体系向清洁低碳方向转变。

光伏发电作为最具发展潜力的可再生能源，近几年来得到了爆发式增长，截至 2016 年底，全国光伏发电累计装机容量达到 7742 万千瓦，相比 2010 年增长了 386 倍。但是光伏发电易受到云层、天气、气候等诸多因素影响，其发电出力具有复杂不确定性，导致光伏迅速发展与电力规划、电网建设以及电力调度的矛盾不断加剧，全国弃光电量不断攀升，2016 年全国弃光电量约为 74 亿千瓦时，弃光率高达 10%。因此，如何更好地了解光伏发电的复杂不确定特性，如何根据其固有特性更加有效地利用光伏发电,如何科学合理地规划光伏发电的未来发展,已成为当前迫切需要解决的问题。

本书第一章概述了太阳能的辐射特性以及太阳辐射的影响因素,分析了太阳能的优势和劣势,重点介绍了世界太阳能资源的分布情况,分析了太阳能资源较为丰富的北非、南欧、中东、美国、澳大利亚等地区的太阳能资源储量,深入研究了我国太阳能资源的分类分布情况,介绍了西藏、青海、新疆、甘肃、宁夏、河北等太阳能资源丰富地区的太阳能资源潜力。

第二章简要综述了人类利用太阳能的历史,重点介绍了光伏发电的基本原理和应用方式,分析了光伏发电主要技术的发展情况,比较了各类型技术的特点,基于对光伏发电不确定性的系统分析,重点研究了光伏发电的不确定性对于系统安全稳定运行、电能质量、调度运行、电源规划、电网规划等电力系统运行与规划各个方面的影响,并从产业发展、技术进步、成本降低等多方面对国内外光伏发电的技术研究热点和发展趋势进行了总结。

第三章基于复杂性科学的研究框架,分析了电力系统复杂不确定性的特点,介绍了可信性理论的基本概念和随机模糊变量的一般建模方法,根据太阳辐射强度年、日变化特点,在研究传统光伏发电确定性建模和不确定性建模的基础上,重点针对运行、规划等不同场合,提出了多种光伏发电的复杂不确定性建模方法。

第四章对于传统的枚举法、蒙特卡罗随机模拟等 ATC 评估方法进行了综述,利用建立的常规电源、光伏发电系统、电网、负荷的随机模糊模型,建立了 ATC 的随机模糊模拟评估方法,同时利用自助法和多核并行计算技术提高了计算处理效率,并通过测试系统和西北区域仿真研究,验证了所提模型和算法的合理性与有效性。

第五章分析了我国光伏发电发展面临的一系列困难,针对其中突出的调节资源不足的问题，分析了传统火电、水电参与系统调峰的技术和经济性情况，重点介绍了能效电厂的相关概念，分析了各类能效电厂参与系统调节的潜力，结合潮流计算程序构建了一套使能效电厂同常规电源一起参与系统调节、考虑设备调节裕度、结合电源优化布局的复杂不确定性光伏发电消纳评估系统，并通过测试系统验证其有效性。

第六章简要综述了全球能源转型发展的情况，重点介绍了全球可再生能源的发展形势，分析了我国自 2000 年以来的电力消费、电力供应以及电力供需形势，并在已有的综合资源战略规划模型的基础上，应用提出的光伏发电复杂不确定性规划模型，构建了基于复杂不确定性模拟的综合资源战略规划方法，以大数据规划的视角全面地研究了 2016—2030 年全国各类电源的优化发展情况，探索了我国太阳能发电发展的各种可能。

本书是在我的博士后出站报告的基础上进行补充、完善后形成的，在此特别感谢胡兆光教授在我博士后科研流动站期间以及出站后的无私指导和帮助，感谢李庚银教授的大力培养，感谢温权、顾宇桂、谭显东、高亚静的大力帮助，感谢能源所的王仲颖所长、任东明主任的大力培养和支持，感谢国网能源研究院的博士后培养，感谢时璟丽研究员、赵永强副研究员、陶冶副研究员、刘坚博士、熊威明博士提供的宝贵建议，感谢曾经和我一起工作、学习的段炜、姚明涛、张健、张宁博士的帮助。本书只是对于光伏发电的复杂不确定性进行了初步探讨，疏漏之处恳请读者批评指正。

郑雅楠

2017 年 6 月 27 日

目　录

第二章　光伏发电技术特点和发展趋势

第三章　光伏发电的复杂不确定性建模分析

第四章　复杂不确定性光伏发电对输电能力的影响

第六章　复杂不确定性光伏发电合理规划的研究

图目录

表目录

第一章
太阳能的特性及资源情况

COMPLEX UNCERTAINTY ANALYSIS AND MODELING OF
PHOTOVOLTAIC POWER SYSTEM
AND ITS APPLICATION

| 第一节 |
太阳能概述

太阳能是由太阳内部氢原子发生氢氦聚变释放出巨大核能而产生的，一般指太阳光的辐射能量，它具有取之不尽、用之不竭、无所不在、永续清洁的突出优点，在能源更替发展中处于无可取代的地位，但其能量密度较低，易受天气、昼夜和四季的影响而不稳定，需要借助多种技术，进行多元化多层次的开发利用。太阳能的主要利用形式有三种：太阳能光热转换、太阳能光电转换和太阳能光化学转换。目前，太阳能开发利用的重点集中在把太阳能转换成电能的太阳能光伏发电和太阳能热发电，受到技术和成本因素影响又以光伏发电为大规模开发利用的主要形式。另外，太阳能光热转换的太阳能热水装置、太阳能采暖、太阳能制冷空调系统等也是太阳能利用的重要方式。

几十亿年来，太阳一直是地球的主要能源来源。在地球漫长的演化过程中，太阳为世间万物的生长提供着能量。植物通过光合作用释放氧气、吸收二氧化碳，并把太阳能转变成化学能在植物体内贮存下来；煤炭、石油、天然气等化石燃料也是由古代埋在地下的动植物经过漫长的地质年代演变形成的一次能源。从广义上讲，不仅风能、水能、生物质能等可再生能源都是由太阳能导致或转化成的能量形式，而且我们所使用的传统化石能源也都是以某种形式储存的太阳能。

由于人类长期依赖煤炭、石油、天然气等化石能源，导致地球大气中各种温室气体的浓度一直不断增加，增长速度每年约为 1.8ppm①（约 0.4%）。随着二氧化碳等温室气体浓度的加倍，全球温度不断升高，将对全球气候变化产生巨大的影响和危害，具体体现在以下四个方面：①海平面上升。全球气候变暖将导致海洋水体膨胀和两极冰雪融化，可能会在 2100 年使海平面上升 50 厘米，这将危及全球沿海地区，特别是人口稠密、经济发达的河口和沿海低地，将会使这些地区面临遭受淹没或海水入侵，海岸带滩涂遭受侵蚀，土地恶化，海水倒灌和洪水加剧，港口受损的威胁，并影响沿海养殖业，破坏给排水系统。②对农业和生态系统带来影响。二氧化碳浓度增加和气候变暖，可能会增强植物的光合作用，延长其生长期，使世界一些地区更加适合农业耕作。但全球气温和降雨形态的迅速变化，也可能使世界许多地区的农业和自然生态系统无法适应或不能很快适应这种变化，造成大范围的森林植被破坏和农业灾害。③自然灾害加剧。全球平均气温上升将有可能引发频繁的气候灾害，如过多的降雨、大范围的干旱和持续的高温。有科学家还根据气候变化的历史数据，推测气候变暖还可能破坏海洋环流，进而引发新的冰河期，将给高纬度地区造成可怕的气候灾难。④对人类健康带来影响。气候变暖有可能加大、提高疾病危险和死亡率，引发传染病。因为高温会给人类的循环系统增加负担，热浪会引起死亡率的升高。由昆虫传播的疟疾及其他传染病与温度有很大的关系，温度升高可能导致许多国家的疟疾、淋巴丝虫病、血吸虫病、黑热病、登革热、脑炎等疾病的患病率升高或大规模爆发，在高纬度地区，这些疾病传播的危险性可能会更大。

针对化石能源开发利用的有限性等诸多问题，联合国于 20 世纪 60 年代初就提出了"能源过渡"规划，把太阳能、风能、海洋能和地热

---

① ppm（parts per million），是用溶质质量占全部溶液质量的百万分比来表示的浓度，也称百万分比浓度。

能等用以替代传统能源的可再生能源称为第四代能源，估计能源过渡时间需要 100~150 年，即大体在 21 世纪末完成。到那时，煤炭、石油和天然气等矿物能源将不再是能源供应的主要来源，一些无污染的传统清洁能源如生物质能和水能等，则将继续发挥作用。可再生能源虽然种类众多、各有优势，但太阳能毫无疑问地占据了举足轻重的地位。今后数十年人类将实现从化石燃料向太阳能的全面过渡，从太阳能提取可再生能源作为动力将是迈向使用非碳基能源的关键一步。太阳能既是人类最初的选择，也必将是未来最终的选择。

| 第二节 |
太阳辐射及其特性

一、太阳辐射

太阳主要是以辐射的形式向广阔的宇宙传播它的热量和微粒，这种传播的过程被称作太阳辐射。太阳辐射不仅是我们地球获得热量的根本途径，也是影响人类和其他一切生物生存活动以及地球气候变化最主要的因素。

由于大气的存在和影响，到达地球表面的太阳辐射可分成两个部分：直接投射到地面的那部分太阳光线，称为直接辐射；不是直接投射到地面上，而是通过大气、云、雾、水滴、灰尘以及其他物体不同方向的散射而到达地面的那部分太阳光线，叫作散射辐射。这两个部分的总和称为太阳的总辐射。这两种辐射的能量差别很大，一般来说，晴朗的白天直接辐射占总辐射的大部分，阴雨天散射辐射占总辐射的比重较大，夜晚则完全是散射辐射。利用太阳能，实际上是利用太阳的总辐射，但是，对于大多数太阳能设备来说，主要是利用太阳辐射能的直接辐射部分。

二、太阳辐射的特性

我们通常把太阳以辐射形式发射出的功率称为辐射通量，把投射到单位面积上的辐射通量称为辐射照度，简称辐照度。在太阳辐射穿越地球大气层抵达地面的过程中，受到天文、地理、物理诸多因素的影响，以至于在不同的季节、时间、地点及不同的天气状况下，到达地球表面的太阳辐射照度是不同的。

（一）太阳高度的影响

太阳高度即太阳位于地平面以上的高度角，即太阳光线与地平线的夹角。入射角大，则太阳高，辐射照度也大；反之，入射角小，太阳低，辐射照度也小。

由于地球自转，太阳高度在一天之中是不断变化的。早晨日出时，太阳高度最低，为0°；以后逐渐增加，到正午时最高，为90°；午后逐渐减小，到日落时降低到0°。太阳高度在一年中也是不断变化的，又由于地球围绕着太阳公转，地球的赤道平面与公转轨道面（黄道平面）始终保持着23°26′的倾斜，所以上半年太阳从低纬度向高纬度逐日升高，直到夏至日正午，达到最高点的90°；此后则逐日降低，直到冬至日正午，降低到最低点。这就是一天中正午比早晚温度高和一年中夏季炎热、冬季寒冷的原因。

由于地球的大气层对太阳辐射具有吸收、反射和散射作用，所以红外线、可见光和紫外线在太阳辐射中的占比也随着太阳高度的变化而变化。当太阳高度为90°时，红外线占50%，可见光占46%，紫外线占4%；当太阳高度为30°时，红外线占53%，可见光占44%，紫外线占3%；当太阳高度为5°时，红外线占72%，可见光占28%，紫外线则接近零。

（二）地球大气层的影响

广义的太阳辐射包括电磁波、粒子流（太阳风和高能粒子流）、中微子，以及重力波、声波和磁流波等多种形式。由于其中电磁波的能流远远超过了其他形式的能流，所以通常把太阳辐射理解为太阳的电磁波辐射。太阳的电磁波辐射覆盖γ射线、X射线、紫外线、可见光、红外线，直到射电波段，其在穿越大气层抵达地球表面的过程中，不仅会受到大气层的反射，以及空气分子、水蒸气和尘埃的散射，而且还会被大气中的氧气、臭氧、水蒸气、二氧化碳等吸收相应波段的能量，其中的紫外线、X 射线和 γ 射线只能在高空测量到，而射电波段对总辐射能的贡献又可以忽略，因此，到达地球表面的太阳辐射能主要集中在可见光和近红外波段。0.2~10.0 微米波段的辐射能占到了太阳辐射总辐射能的 99.9%，其中，介于 0.38~0.76 微米的可见光波段辐射能占总辐射能的 46.4%，长于 0.76 微米的红外波段约占 45.5%，紫外波段占比很小。所以，由于天气状况对大气透明度的影响非常直接，晴天云层薄且少，大气对太阳辐射的削弱作用较弱，到达地面的太阳辐射就较强；阴雨天云层厚且多，大气对太阳辐射的削弱作用较强，抵达地面的太阳辐射就较弱。当然，欠佳的大气质量也会极大地削弱太阳辐射。

（三）地理纬度的影响

太阳光穿过地球大气的路程越长，能量衰减得也就越多。如果高纬度地区和低纬度地区的大气透明度相同，就某一地平面来说，太阳辐射能量是由低纬度向高纬度逐渐减弱。例如，同样在 1 平方米的面积上，地处高纬度的圣彼得堡（北纬 60°）每年只能获得 3350 兆焦耳的能量，在北京（北纬 39°57′）可得到 5860 兆焦耳的能量，而在低纬度的撒哈拉地区则可得到高达 9210 兆焦耳的能量。正是由于这个原因，才形成了赤道地带全年气候炎热、四季一片葱绿，北极圈附近终年严寒、冰雪覆盖，两个完全不同的世界。

（四）日照时间的影响

日照时间也是影响地面太阳辐射照度的一个重要因素。如果某地区某日白天有 14 小时，其中 6 小时是阴天、8 小时有太阳照射，那么该地区这一天的日照时间仅为 8 小时。显而易见，日照时间越长，地面所获得的太阳辐射能量就越多。

（五）海拔高度的影响

海拔越高，大气透明度也越高，从而获得的太阳辐射能量就越多。此外，日地距离、地形、地势等，对太阳辐射照度也有一定的影响。例如，地球在近日点要比远日点的平均气温高 4℃；又如，在同一纬度上，盆地要比平原的气温高，阳坡要比阴坡热。

| 第三节 |

太阳能的优势与劣势

一、太阳能的优势

太阳能作为一种能源，与煤炭、石油、天然气、核能等矿物燃料相比，具有以下明显优势：

（一）太阳能是人类可以获得和利用的最丰富的能源

太阳光普照大地，取之不尽、用之不竭，蕴藏着数倍于其他可再生能源综合效能的巨大能量。据估算，世界上潜在的可再生能源为：水能，可利用资源量大约为 0.9 太瓦；风能，可开发资源为 2 太瓦；生物质能，可开发资源为 3 太瓦；太阳能，资源为 120000 太瓦，实际可开发资源为 600 太瓦。太阳能无疑是人类可能获得的最丰富的可再生能源。

（二）太阳能利用受限较小

太阳能利用受限较小，不仅可以在沙漠、荒原、海洋、极地等陆地表面任意使用，还可以从高空、大气层外，甚至月球或宇宙空间获得，是一种不需要运输的能源。

（三）太阳能技术发展取得了巨大突破

太阳能科学开发与应用技术已经取得了巨大突破，目前光伏发电成本已大幅降低，有望与常规能源媲美。

10

（四）太阳能可与其他可再生能源实现多能互补

太阳能可以在很多场合与其他可再生能源（尤其是风能、海洋能）配合使用，发挥多能互补的作用。

（五）太阳能使用方便

在诸多可再生能源和核能中，太阳能是唯一一种使用方便、可以根据需要设计出从毫瓦级到兆瓦级发电装置的能源。

二、太阳能的劣势

太阳能资源虽然具有上述几方面常规能源无法比拟的优点，但作为能源利用时，也存在以下劣势：

（一）分散性

到达地球表面的太阳辐射的总量尽管很大，但是能量密度很低。平均说来，北回归线附近，夏季在天气较为晴朗的情况下，正午时刻太阳辐射的辐照度最大，在垂直于太阳光方向 1 平方米面积上接收到的太阳能平均有 1000 瓦左右；若按全年日夜平均计算，则只有 200 瓦左右。而在冬季大致只有一半，阴天一般只有 1/5 左右，这样的能量密度是很低的。因此，在太阳能利用中想要得到一定的转换功率，往往需要面积相当大的收集和转换设备，造价较高，并且占地面积较大。

（二）不确定性

由于受到昼夜、季节、地理纬度和海拔高度等自然条件的限制以及晴、阴、云、雨等随机因素的影响，所以，到达某一地面的太阳辐照度具有极大的不确定性，这给太阳能的大规模应用增加了难度。为了使太阳能成为连续、可靠的能源，从而最终成为能够与常规能源相竞争的替代能源，就必须很好地解决太阳能的不确定性问题，这既需要调控白天不同时段太阳辐射能的差异，也要想办法把白天的太阳辐射能贮存起来供夜间或阴雨天使用，但目前相关的蓄能、多能互补发展情况仍不容乐观。

（三）效率较低，成本较高

目前，从发展水平看，太阳能利用的某些方面在理论上是可行的，技术上也是成熟的，如太阳能热水器。但有些太阳能利用装置，如太阳能光伏发电，效率仍然偏低，经济性还不能与常规能源相竞争。在今后相当一段时期内，太阳能利用的进一步发展还将主要受到经济性的制约。同时也必须注意到，从国际上看，越来越多的国家重视社会的可持续发展，尽可能多地利用洁净能源代替高含碳量的矿物能源；从国内形势看，我国是世界上最大的煤炭生产国和消费国，煤炭已成为我国大气污染的主要来源，大力开发可再生能源的利用技术将成为我国应对环境污染的必然措施。因此，向太阳能等可再生能源过渡已成为各国发展选择的必然路径。

| 第四节 |

世界太阳能资源情况

太阳发射出来的总辐射能量大约为 $3.75×10^{26}$ 瓦，极其巨大，但是只有二十二亿分之一会到达地球。到达地球范围内的太阳总辐射能量大约为 $1.73×10^7$ 瓦，其中，被大气吸收的太阳辐射能大约为 $4.0×10^6$ 瓦，占到达地球范围内的太阳总辐射能量的 23%；被大气分子和尘粒反射回宇宙空间的太阳辐射能大约为 $5.2×10^6$ 瓦，占 30%；穿过大气层到达地球表面的太阳辐射能大约为 $8.1×10^6$ 瓦，占 47%。在到达地球表面的太阳辐射能中，到达陆地表面的大约为 $1.7×10^6$ 瓦，大约占到达地球范围内的太阳总辐射能量的 10%，相当于目前全世界一年内消耗的各种能源所产生能量的 3.5 万倍。在陆地表面所接受的这部分太阳辐射能中，被植物吸收的仅占 0.015%，被人们利用作为燃料和食物的仅为 0.002%，已利用的比重微乎其微，因此，利用太阳能的潜力是相当巨大的，开发利用太阳能为人类服务前景广阔。根据国际太阳能热利用区域分类，全世界太阳辐射强度和日照时间最佳的区域包括北非，中东地区，美国西南部和墨西哥，南欧，澳大利亚，南非，南美洲东、西海岸和中国西部地区等，如图 1-1 所示。

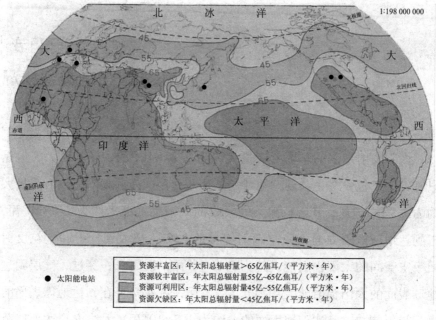

图 1-1　世界太阳能资源分布

一、北非地区

北非地区是世界太阳能辐照最强烈的地区之一。阿尔及利亚的太阳年辐照总量为 9720 兆焦耳/平方米，技术开发量每年约为 169440 太瓦时；摩洛哥的太阳年辐照总量为 9360 兆焦耳/平方米，技术开发量每年约为 20151 太瓦时；埃及的太阳年辐照总量 10080 兆焦耳/平方米，技术开发量每年约 73656 太瓦时；太阳年辐照总量大于 8280 兆焦耳/平方米的国家还有突尼斯、利比亚等国。

二、南欧地区

南欧地区的太阳年辐照总量超过了 7200 兆焦耳/平方米，也是太阳能辐照较为强烈的地区之一，包括西班牙、意大利、希腊、葡萄牙和土耳其等国家。西班牙太阳年辐照总量为 8100 兆焦耳/平方米，技术开发量每年约为 1646 太瓦时；意大利太阳年辐照总量为 7200 兆焦耳/平方米，技术开发量每年约为 88 太瓦时；希腊太阳年辐照总量为 6840 兆焦耳/平方米，技术开发量每年约为 44 太瓦时；葡萄牙太阳年辐照总量为 7560 兆焦耳/平方米，技术开发量每年约为 436 太瓦时；土耳其太阳年辐照总量为 4720 兆焦耳/平方米，技术开发量每年约为 400 太瓦时。

三、中东地区

中东几乎所有地区的太阳辐射能量都非常高。以色列、约旦和沙特阿拉伯等国的太阳年辐照总量为 8640 兆焦耳/平方米。阿联酋的太阳年辐照总量为 7920 兆焦耳/平方米，技术开发量每年约为 2708 太瓦时；以色列的太阳年辐照总量为 8640 兆焦耳/平方米，技术开发量每年约为 318 太瓦时；伊朗的太阳年辐照总量为 7920 兆焦耳/平方米，技术开发量每年约为 20 皮瓦时；约旦的太阳年辐照总量约为 9720 兆焦耳/平方米，技术开发量每年约为 6434 太瓦时。

四、美国

美国也是世界上太阳能资源较为丰富的地区之一。根据美国 239 个观测站 1961—1990 年 30 年的统计数据，全美一类地区太阳年辐照总量为 9198~10512 兆焦耳/平方米，包括亚利桑那州和新墨西哥州的全部，加利福尼亚州、内华达州、犹他州、科罗拉多州和得克萨斯州的南部，占总面积的 9.36%；二类地区太阳年辐照总量为 7884~9198 兆焦耳/平方米，除了包括一类地区所列州的其余部分外，还包括犹他州其他地区、怀俄明州、堪萨斯州、俄克拉荷马州、佛罗里达州、佐治亚州和南卡罗莱纳州等州，占总面积的 35.67%；三类地区太阳年辐照总量为 6570~7884 兆焦耳/平方米，包括美国北部和东部大部分地区，占总面积的 41.81%；四类地区太阳年辐照总量为 5256~6570 兆焦耳/平方米，包括阿拉斯加州的大部分地区，占总面积的 9.94%；五类地区太阳年辐照总量为 3942~5256 兆焦耳/平方米，仅包括阿拉斯加州最北端的少部地区，占总面积的 3.22%；美国的外岛如夏威夷等均属于二类地区。

五、澳大利亚

澳大利亚的太阳能资源也很丰富。全澳一类地区太阳年辐照总量为 7621~8672 兆焦耳/平方米，主要集中在澳大利亚北部地区，占总面积的 54.18%；二类地区太阳年辐照总量为 6570~7621 兆焦耳/平方米，包括澳大利亚中部地区，占全国面积的 35.44%；三类地区太阳年辐照总量为 5389~6570 兆焦耳/平方米，包括澳大利亚南部地区，占全国面积的 7.9%；太阳年辐照总量低于 6570 兆焦耳/平方米的四类地区仅占 2.48%。澳大利亚中部的广大地区人烟稀少，荒漠化的土地面积较大，适合于大规模的太阳能开发利用。

│ 第五节 │
中国太阳能资源情况

一、中国太阳能资源分布概述

我国的国土面积，从南到北纵长约为 5500 千米，自东向西跨度约 5200 千米，总面积达 960 万平方千米，为世界陆地总面积的 7%，居世界第 3 位。我国的太阳能资源十分丰富。全国各地太阳年辐射总量为 3340 ~ 8400 兆焦耳/平方米，中值为 5852 兆焦耳/平方米。从全国太阳年辐射总量的分布来看，西藏、青海、新疆、宁夏北部、甘肃、内蒙古南部、山西北部、陕西北部、辽宁、河北东南部、山东东南部、河南东南部、吉林西部、云南中部和西南部、广东东南部、福建东南部、海南岛东部和西部以及中国台湾地区的西南部等广大地区的太阳辐射总量很大。

尤其是青藏高原地区，这里平均海拔在 4000 米以上，大气层稀薄且清洁，透明度好，纬度低，日照时间长。例如，被称作"日光城"的拉萨市，1961—1970 年年平均日照时间为 3005.7 小时，相对日照为 68%，年平均晴天为 108.5 天、阴天为 98.8 天，年平均云量为 4.8，太阳年辐射总量为 8160 兆焦耳/平方米，比全国其他省区和同纬度的地区都高。与之形成鲜明对比的是，四川盆地（包括重庆市）和贵州省的太阳年辐射总量最小，尤其是四川盆地，雨多、雾多、晴天较少。例如，素有"雾都"之称的重庆市，年平均日照时间仅为 1152.2 小时，相对日照为 26%，年平均晴天为 24.7 天、阴天达 244.6 天，年平均云

17

量高达 8.4。我国太阳能资源分布具有以下主要特点：

第一，太阳能的高值中心和低值中心都处在北纬 22°～35° 这一带，青藏高原是高值中心，四川盆地是低值中心。

第二，太阳年辐射总量，西部地区高于东部地区，而且除了西藏和新疆两个自治区外，基本上是南部低于北部。

第三，由于南方多数地区云多雨多，在北纬 30°～40° 的地区，太阳能的分布情况与一般的太阳能随纬度变化的规律相反，太阳能不是随着纬度的增加而减少，而是随着纬度的增加而增长。

中国太阳能资源具体分布情况见表 1-1。

表 1-1 分省（区、市）太阳能总辐射量①

单位：亿千瓦时

省（区、市）	总量	省（区、市）	总量	省（区、市）	总量
安徽	1775434	湖北	2168199	上海	66486
澳门	399	湖南	2298660	四川	7818018
北京	232387	吉林	2595178	台湾	484473
福建	1577653	江苏	1330551	天津	165713
甘肃	6575835	江西	1999561	西藏	23077411
广东	2198166	辽宁	1998605	香港	10510
广西	2822279	内蒙古	18194344	新疆	26712816
贵州	1813342	宁夏	821622	云南	5680956
海南	511576	青海	13073231	浙江	1274371
河北	2709981	山东	2160409	重庆	824242
河南	2127090	山西	2267644		
黑龙江	5839347	陕西	2713829		

---

① 来源于中国气象局风能太阳能资源评估中心。

18

为了按照各地不同条件更好地利用太阳能，20 世纪 80 年代，我国的科研人员根据各地接受太阳总辐射量的多少，将全国划分为如下五类地区。

(一) 一类地区

全年日照时间为 3200～3300 小时，在每平方米面积上一年内接受的太阳辐射总量为 6680～8400 兆焦耳，相当于 225～285 千克标准煤燃烧所产生的热量。主要包括宁夏北部、甘肃北部、新疆东南部、青海西部和西藏西部等地。这些地区是我国太阳能资源最丰富的区域，与印度和巴基斯坦北部的太阳能资源相当。尤其以西藏西部的太阳能资源最为丰富，全年日照时间达 2900～3400 小时，年辐射总量高达 7000～8000 兆焦耳/平方米，仅次于撒哈拉大沙漠，居世界第二位。

(二) 二类地区

全年日照时间为 3000～3200 小时，在每平方米面积上一年内接受的太阳辐射总量为 5852～6680 兆焦耳，相当于 200～225 千克标准煤燃烧所产生的热量。主要包括河北西北部、山西北部、内蒙古南部、宁夏南部、甘肃中部、青海东部、西藏东南部和新疆南部等地，为我国太阳能资源较丰富地区，相当于印度尼西亚的雅加达一带。

(三) 三类地区

全年日照时间为 2200～3000 小时，在每平方米面积上一年内接受的太阳辐射总量为 5016～5852 兆焦耳，相当于 170～200 千克标准煤燃烧所产生的热量。主要包括山东东南部、河南东南部、河北东南部、山西南部、新疆北部、吉林、辽宁、云南、陕西北部、甘肃东南部、广东南部、福建南部、江苏北部、安徽北部、天津、北京和台湾西南部等地，为我国太阳能资源的中等类型区，相当于美国的华盛顿地区。

（四）四类地区

全年光照时间为 1400~2000 小时，在每平方米面积上一年内接受的太阳辐射总量为 4190~5016 兆焦耳，相当于 140~170 千克标准煤燃烧所产生的热量。主要包括：湖南、湖北、广西、江西、浙江、福建北部、广州北部、陕西南部、江苏南部、安徽南部以及黑龙江、中国台湾北部等地区，是我国太阳能资源较差的区域，相当于意大利的米兰地区。

（五）五类地区

全年光照时间为 1000~1400 小时，在每平方米面积上一年内接受的太阳辐射总量为 3344~4190 兆焦耳，相当于 115~140 千克标准煤燃烧所产生的热量。主要包括四川盆地（包括重庆市）及贵州等地区，该区域为我国太阳能资源最少的地区，相当于欧洲的大部分地区。

我国的太阳能资源与同纬度的国家相比，除去四川东部、重庆大部分、贵州中北部和其毗邻的地区外，绝大多数地区的太阳能资源较为丰富，同美国类似，比欧洲、日本优越，尤其是西藏地区太阳能资源尤为丰富，接近于世界著名的撒哈拉沙漠。一类、二类、三类地区，年日照时间大于 2200 小时，太阳辐射总量高于 5016 兆焦耳/平方米，是我国太阳能资源丰富或者较为丰富的地区，面积较大，占全国总面积的 2/3 以上，具有利用太阳能的良好条件。虽然四类、五类地区的太阳能资源条件较差，但也具有一定的利用价值。总之，从全国范围来看，我国是太阳能资源较为丰富的国家，具有开发利用太阳能的得天独厚的条件，太阳能利用在我国有着极为广阔的发展前景。

二、重点地区太阳能资源分布情况

（一）西藏

西藏是我国太阳总辐射最丰富的地区。全区年辐射总量多在 5000～8000 兆焦耳/平方米，呈自东向西递增分布。在西藏东南边缘地区，云雨较多，年辐射总量相对较少，低于 5155 兆焦耳/平方米；在雅鲁藏布江中游地区，年辐射总量达 6500～8000 兆焦耳/平方米；在珠穆朗玛峰，年辐射总量高达 8369.4 兆焦耳/平方米。日喀则地区属于高原季风温带半干旱气候，辐射强度高，日照时间长，年辐射总量为 7769.2 兆焦耳/平方米。拉萨气象站的辐射资料显示，拉萨气象站 1998—2007 年10 年的年平均太阳辐射总量为 7403 兆焦耳/平方米。

（二）青海

青海省地处中纬度地带，太阳辐射强度高，光照时间长，年辐射总量可达 5800～7400 兆焦耳/平方米，其中直接辐射量占辐射总量的 60%以上，仅次于西藏，位居全国第二。青海省太阳总辐射空间分布具有西北部多、东南部少的特征，太阳资源特别丰富的地区位于柴达木盆地、唐古拉山南部，年太阳辐射总量大于 6800 兆焦耳/平方米；太阳能资源丰富的地区位于海南（除同德），海北，果洛州的玛多、玛沁，玉树及唐古拉山北部，年太阳辐射总量为 6200～6800 兆焦耳/平方米；太阳能资源较为丰富的地区主要分布于青海北部的门源、东部黄南州、果洛州南部、西宁市以及海东地区，年太阳辐射总量小于 6200 兆焦耳/平方米。

格尔木市地处青藏高原腹地，位于青海柴达木盆地中南部格尔木河冲积平原上，是我国光伏发电应用的重点城市。柴达木盆地是我国太阳辐射资源丰富的地区之一，年太阳辐射总量在 6618～7356.9 兆焦耳/平方米，太阳辐射资源的空间分布由西向东递减，各地太阳辐射总量普遍超过 6800 兆焦耳/平方米，最高达 7356.9 兆焦耳/平方米，年平均太阳辐射总量为 7000 兆焦耳/平方米，年日照小时数超过 3000 小时，是青海省日照小时数最长和日照百分率最大的地区。

（三）新疆

新疆位于我国西部，具有丰富的太阳能资源。新疆太阳年辐射总量达 5000~6400 兆焦耳/平方米，位居全国前列。新疆东南部太阳年辐射总量在 6000 兆焦耳/平方米以上，西北部在 5800 兆焦耳/平方米以下。北疆地区太阳年辐射总量为 5200~5600 兆焦耳/平方米，其中伊犁河谷、博尔塔拉谷地、塔城盆地、额尔齐斯河谷的太阳年辐射总量约为 5400 兆焦耳/平方米；准噶尔盆地中部太阳年辐射总量在 5200 兆焦耳/平方米以下，是新疆平原地区太阳年辐射总量最少的区域。哈密属于新疆重点的风能、太阳能开发地区，太阳能资源较丰富，开发利用潜力大。哈密太阳辐射监测站资料显示，其年平均太阳辐射总量为 6393 兆焦耳/平方米。

（四）甘肃

甘肃省具有丰富的太阳能资源，全省年太阳辐射总量在 4800~6400 兆焦耳/平方米，年资源理论储量为 67 万亿千瓦时，每年地表吸收的太阳能约相当于 824 亿吨标准煤，开发利用前景广阔。河西走廊（包括酒泉、张掖、嘉峪关）地区为甘肃省太阳辐射丰富区，年太阳辐射总量约为 5800~6400 兆焦耳/平方米；中部地区（金昌、武威、民勤的全部，古浪、天祝、靖远、景泰的大部，定西、兰州市、临夏部分地区，环县部分地区及甘南州玛曲的部分地区）属于太阳辐射较丰富区，年太阳辐射总量为 5200~5800 兆焦耳/平方米；南部（天水、陇南、甘南地区大部）地区属于太阳能可利用区，年太阳辐射总量仅为 4800~5200

兆焦耳/平方米。

（五）宁夏

宁夏是我国太阳能资源最丰富的地区之一，也是我国太阳辐射的高能区之一，年平均太阳辐射总量为 4950～6100 兆焦耳/平方米，具有阴雨天气少、日照时间长、辐射强度高、大气透明度好等优势。宁夏太阳能具有北高南低的分布特点，灵武、同心地区太阳能较高，年平均太阳辐射总量为 5864～6100 兆焦耳/平方米，是我国太阳辐射的高能区之一。南部固原地区太阳能资源相对较少，年平均太阳辐射总量为 4950～5640 兆焦耳/平方米。

（六）河北

河北省太阳能资源丰富，具有较大的可开发利用价值，太阳能资源呈由南向北、由东向西递增趋势，其中以张家口地区的尚义县、康保县区域的太阳能资源最为丰富。张北气象站监测资料显示，该地区在 1979～2008 年年平均太阳辐射总量约为 5383 兆焦耳/平方米。

| 第六节 |

小结

太阳能作为取之不尽、用之不竭的能源，是人类最初的能源选择，也是未来的最终选择。本章首先介绍了太阳能的辐射特性以及太阳高度、大气层、地理纬度、日照时间、海拔高度等因素对太阳辐射的影响情况，然后分析了太阳能所具有的储量丰富、利用空间广、使用灵活、可以与多种能源进行配合互补等优势，同样也分析了太阳能利用所必须面对的分散性、不确定性、效率不高和成本有待进一步降低等劣势，最后介绍了世界太阳能资源分布情况，分析了太阳能资源丰富的北非、南欧、中东、美国、澳大利亚等地区的太阳能资源储量情况，深入研究了我国太阳能资源的分类分布情况，重点介绍了西藏、青海、新疆、甘肃、宁夏、河北等太阳能资源丰富地区的太阳能辐射资源潜力。

综合特性、资源、技术等多方面的因素，利用太阳能的潜力是相当巨大的，无论是从世界角度来看，还是从我国具体情况出发，开发利用太阳能为人类服务是大有可为的。

| 参考文献 |

［1］林安中，王斯成．我国光伏发电进展［J］．太阳能，1999（4）：7-8.

［2］Wang K., Zhou X., Liu J., et al. Estimating Surface Solar Radiation over Complex Terrain Using Moderate-Resolution Satellite Sensor Data［J］. International Journal of Remote Sensing，2005，26（1）：47-58.

［3］杨华，宣益民，李强．太阳辐射对大气层外弹道式目标表面温度的影响［J］．红外技术，2005（1）：12-15.

［4］Jacovides C. P., Tymvios F. S., Assimakopoulos V. D., et al. Comparative Study of Various Correlations in Estimating Hourly Diffuse Fraction of Global Solar Radiation［J］. Renewable Energy，2006，31（15）：2492-2504.

［5］李秀伟，张小松，殷勇高．太阳能制冷空调的节能潜力及其性能比较［Z］．中国江苏南京，2006.

［6］单力，阿柱．太阳能热水器步入产业黄金期［J］．环境，2007（10）：32-35.

［7］于国清，张晓莉，孟凡兵．单户住宅太阳能热泵供热的技术与经济分析［J］．建筑节能，2007（1）：55-57.

［8］帅永，卿恒新，杜以强，等．复杂地表场景生成中太阳辐射模拟方法［J］．工程热物理学报，2008（11）：1905-1908.

［9］陈珊，孙继银，罗晓春．目标表面太阳辐射特性研究［J］．红外技术，2011（3）：147-150.

［10］国家可再生能源中心．2016年中国可再生能源产业发展报告［M］．北京：中国环境出版社，2016：143.

第二章

光伏发电技术特点和发展趋势

COMPLEX UNCERTAINTY ANALYSIS AND MODELING OF
PHOTOVOLTAIC POWER SYSTEM
AND ITS APPLICATION

| 第一节 |
太阳能发电发展情况

人类对太阳能的利用有着悠久的历史，早在 3000 多年前，我们的祖先就已经探寻出了利用太阳能的方式。传说阿基米德曾经利用聚光镜反射阳光，烧毁了来犯的敌舰，可谓是古代利用太阳能的一个典例。然而将太阳能作为一种能源和动力加以开发利用也只有 300 多年的历史，近十几年太阳能才真正作为"近期急需的补充能源"和"未来能源结构的基础"为人们所重视。近代太阳能利用历史可以从 1615 年法国工程师所罗门·德·考克斯在世界上发明第一台太阳能驱动的发动机算起，该发明利用太阳能加热空气，使其膨胀做功抽水。随后，1615—1900 年又有多台太阳能动力装置和一些其他太阳能装置被研制出来，这些动力装置几乎全部采用聚光方式采集太阳能，发动机功率不大，工质主要是水蒸气，装置造价昂贵，实用价值较小，大部分为太阳能爱好者个人研究制造，其应用并未得到推广。而在 20 世纪的 100 年间，太阳能利用有了较大的发展，大体可分为七个阶段，下面分别予以介绍。

第一阶段（1900—1920 年）：起步阶段

在这一阶段，世界上太阳能研究的重点仍是太阳能动力装置，但采用的聚光方式多样化，且开始采用平板集热器和低沸点工质，装置逐渐扩大，最大输出功率达 73.64 千瓦，实用目的比较明确，造价仍然较高。其中，比较有代表性的事件如下：1901 年，美国加利福尼亚州建成了采用截头圆锥聚光器的太阳能抽水装置，功率为 7.36 千瓦；1902—1908 年，美国建造了 5 套采用平板集热器和低沸点工质的双循环太阳能发动机；1913 年，埃及开罗以南建成了由 5 个抛物槽镜组成的太阳能水泵，每个长 62.5 米、宽 4 米，总采光面积达 1250 平方米。

第二阶段（1920—1945 年）：低潮期

在这 20 多年中，太阳能研究工作处于低潮，参加研究工作的人数和研究项目大幅减少，其原因与矿物燃料的大量开发利用和发生第二次世界大战（1939—1945 年）有关。太阳能无法解决当时对能源的迫切需要，因此使太阳能研究工作受到冷落。

第三阶段（1945—1965 年）：初步发展期

在第二次世界大战结束后的 20 年中，人们开始注意到石油和天然气资源正在迅速减少，从而逐渐推动了太阳能研究工作的恢复和开展，并且成立了太阳能学术组织，举办学术交流和展览会，再次兴起太阳能研究的热潮。在这一阶段，太阳能研究工作取得了一些重大进展，比较突出的有：1952 年，法国国家研究中心在比利牛斯山东部建成了一座功率为 50 千瓦的太阳炉；1954 年，美国贝尔实验室研制出实用型硅太阳电池，为光伏发电大规模应用奠定了基础；1955 年，以色列泰伯等在第一次国际太阳热科学会议上提出选择性涂层的基础理论，并研制成实用的黑镍等选择性涂层，为高效集热器的发展创造了条件；1960 年，美国佛罗里达建成了世界上第一套用平板集热器供热的氨—水吸收式空调系统，制冷能力为 5 冷吨；1961 年，带有石英窗的斯特林发动机制造问世。

在这一阶段里，太阳能基础理论和基础材料的研究得到了加强，取得了如太阳选择性涂层和硅太阳电池等技术上的重大突破。平板集热器也有了很大的发展，技术日渐成熟。太阳能吸收式空调的研究取得突破性进展，建成了一批实验性太阳房。同时，对难度较大的斯特林发动机和塔式太阳能热发电技术进行了初步研究。

第四阶段（1965—1973 年）：停滞期

这一阶段，太阳能的研究工作停滞不前，主要原因是太阳能利用技术处于成长阶段，尚不成熟，并且投资大，在与常规能源的竞争中没有优势，因而得不到公众、企业和政府的重视和支持。

第五阶段（1973—1980 年）：大发展阶段

自从石油在世界能源结构中担当主角之后，石油就成为左右经济和决定一个国家生死存亡、发展和衰退的关键因素，1973 年 10 月爆发的中东战争引起的"石油危机"在客观上使人们认识到：现有的能源结构必须彻底改变，应加速向未来能源结构过渡。从而使许多国家，尤其是工业发达国家，重新加强了对太阳能及其他可再生能源技术发展的支持，在世界上再次兴起了开发利用太阳能的热潮。1973 年，美国制定了政府级阳光发电计划，太阳能研究经费大幅度增长，并且成立太阳能开发银行，促进太阳能产品的商业化。日本在 1974 年公布了政府制定的"阳光计划"，其中太阳能的研究开发项目有：太阳房、工业太阳能系统、太阳热发电、太阳电池生产系统、分散型和大型光伏发电系统等。20 世纪 70 年代初开发利用太阳能的热潮对我国也产生了巨大的影响，科技人员纷纷投身太阳能事业，积极向政府有关部门建言献策，出书办刊介绍国际上太阳能利用的动态；在农村推广应用太阳灶，在城市研制开发太阳能热水器，太阳能电池也开始在地面得到广泛应用。

这一阶段太阳能开发利用工作处于前所未有的大发展时期，具有以下特点：各国加强了太阳能研究工作的计划性，不少国家制定了近期和远期阳光计划；开发利用太阳能成为政府行为，支持力度大大加强；国际合作十分活跃，一些第三世界国家开始积极参与太阳能开发利用工作；研究领域不断扩大，研究工作日益深入，取得了一批较大的科研成果，如 CPC、真空集热管、非晶硅太阳电池、光解水制氢、太阳能热发电等；太阳能热水器、太阳能电池等产品开始实现商业化，太阳能产业初步建立，但规模较小，经济效益尚不理想。

第六阶段（1980—1992 年）：再次停滞期

进入 20 世纪 80 年代后，太阳能开发利用再次陷入低谷，其主要原因是：世界石油价格大幅度回落，而太阳能产品价格居高不下，缺乏竞争力；太阳能技术没有实现重大突破，提高效率和降低成本的目标没有实现，以致人们开发利用太阳能的信心发生了动摇；核电发展较快，对太阳能的发展起到了一定的抑制作用。

第七阶段（1992 年至今）：走出低谷期

矿物能源的大量燃烧，导致了全球性的环境污染和生态破坏，对人类的生存和发展造成了威胁，在这一背景下，1992 年联合国在巴西召开"世界环境与发展大会"，会议通过了《里约环境与发展宣言》《21世纪议程》和《联合国气候变化框架公约》等一系列重要文件，把环境与发展纳入统一的框架，确立了可持续发展的共同道路。

这次会议之后，世界各国加强了清洁能源技术的开发，将利用太阳能与环境保护结合在一起，太阳能利用又进入了新的发展阶段，其特点是：太阳能利用与世界可持续发展和环境保护紧密结合，全球共同行动，为实现世界太阳能发展战略而努力；太阳能发展目标明确，重点突出，措施得力，保证太阳能事业的长期发展；在加大太阳能研究开发力度的同时，注重科技成果转化为生产力，大力发展太阳能产业，加速商业化进程，扩大太阳能利用领域和规模，经济效益逐渐提高；国际太阳能领域的合作空前活跃，规模不断扩大，效果明显。

│第二节│
光伏发电技术原理

一、光伏发电原理

光伏发电是指直接将太阳能转化为电能的发电方式，它是利用太阳电池这种半导体电子器件的伏特效应，有效地吸收太阳辐射能，并使之直接转化为电能。"光伏"一称来自光伏效应，所谓的光伏效应就是指当半导体内部存在电场时，半导体接收到光照，即外界的光子注入，如图2-1（a）所示，便会产生电子—空穴对。其中产生的电子在传导带中电场的作用下向左侧移动，而空穴则向右侧移动，如图2-1（b）所示。

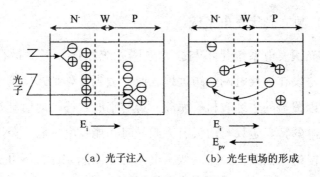

（a）光子注入　　　（b）光生电场的形成

图2-1　光伏发电的原理

由于产生电荷载流子的分极作用，半导体两侧便产生电位差。普通的太阳能电池就是一张薄片，薄片的材料是硅晶体，其朝阳光的一面有

33

密布的金属栅线和两道或三道横跨连接这些细栅线的粗栅线，背面则完全被覆盖，整片电池基本上就是一个做好了的大面积 p-n 结，其朝光的一面基本上为 n 型，背面基本上为 p 型。光照时 p-n 结附近光生载流子将被内建电场驱动而形成从 n 区到 p 区的电流，具体就是 p 区向 n 区的电子流加上 n 区到 p 区的空穴流；而从另一个角度看，虽然太阳光激发的电子空穴对本来具有很高的概率就地复合消失，但内建电场及时地把它们分开，分开的方式为向 p-n 结另一侧驱离其中一种载流子：在 p 区将电子驱到 n 区，在 n 区将空穴驱到 p 区。太阳电池在 p 区和 n 区外端均已做好金属连接，将它们连通成回路后，上述电流就可以源源不断地流动起来了，这就是光伏发电的原理。

二、光伏发电应用

太阳能光伏发电的应用方式有多种，包括独立、并网、混合光伏发电系统，光伏与建筑集成系统以及大规模光伏电站等；目前在城市农村供电、军事、通信以及野外检测等领域得到了广泛应用，并且随着技术的进步，其应用领域还在不断地延伸和拓展。

（一）独立光伏发电系统

独立光伏发电系统是不与公共电网系统相连而孤立运行的发电系统，通常建设在远离电网的边远地区或作为野外移动式便携电源，如公共电网难以覆盖的边远农村、海岛、边防哨所、移动通信基站等。由于太阳能发电的特点是只有白天有太阳光时才能发电，而负荷用电特性往往是全天候的，因此在独立光伏发电系统中储能元件必不可少。尽管其供电可靠性受气象、环境等因素影响很大，供电稳定性也相对较差，但它是解决边远无电地区居民和社会用电问题的重要方式。

（二）并网光伏发电系统

并网光伏发电系统与公共电网相连接，共同承担供电任务。光伏电池阵列所发的直流电经逆变器变换成与电网相同频率的交流电，以电压源或电流源的方式送入电力系统，容量可以视为无穷大的公共电网在这里扮演着储能的角色，因此，并网系统不需要额外的蓄电池，可以有效降低系统运行成本，提高系统运行和供电稳定性，并且光伏并网系统的电能转换效率要大大高于独立系统，它是当前世界太阳能光伏发电技术最主要的发展方向。

（三）混合光伏发电系统

混合光伏发电系统是将一种或几种发电方式同时引入光伏发电系统中，联合向负载供电的系统。其目的是为了综合利用各种发电技术的优势，避免各自的劣势。如光伏系统的优点是维护少，缺点是电能输出依赖于天气，存在较大的不确定性。在冬天日照差，但风力大的地区，采用光伏风力混合发电系统，可以减少对天气的依赖性，降低负载缺电率。

（四）光伏建筑一体化

"光伏发电与建筑物集成化"（Building Inte-grated PV，BIPV）的概念在 1991 年被正式提出，是目前世界上大规模利用光伏发电的研发热点。光伏与建筑相结合主要有两种形式：一种是在建筑物屋顶安装平板光伏，光伏阵列与电网并联向用户供电，形成用户联网光伏系统；第二种形式是将光伏器件与建筑集成化，在屋顶安装光伏电池板，用光伏发电的玻璃幕墙代替普通的玻璃幕墙，由屋顶和墙面的光伏器件直接吸收太阳能，这样既可以做建筑材料又可以发电，进一步降低了光伏发电的成本。目前已研制出大尺寸的彩色光伏模块代替昂贵的墙体外饰材料，不仅达到了以上目的，还可使建筑外观更具魅力。

| 第三节 |

光伏发电的技术类型及特点

一、光伏发电的主要技术类型

目前，在用的光伏电池技术主要包括晶硅电池技术、薄膜电池技术和聚光太阳电池技术，其中晶硅电池应用最广泛，约占90%；薄膜电池近年增长迅速，占比接近10%；虽然聚光太阳电池近年来发展迅速，但占比仍然很小。

光伏发电的主要技术类型如图2-2所示。

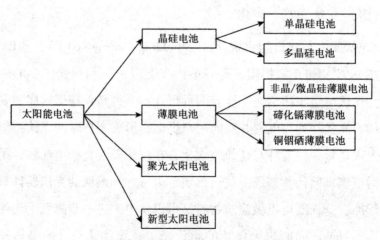

图 2-2　光伏发电的主要技术类型

（一）晶硅电池技术

晶硅电池主要可分为单晶硅电池和多晶硅电池，其技术成熟度高，产业规模较大，是目前的主流产品。

目前，商业化生产的单晶硅电池的光电转换效率约为 17%，实验室效率最高可达 24.7%。单晶硅电池使用寿命一般为 15 年，最高可达 25 年。单晶硅电池的构造和生产工艺已定型，产品已广泛用于空间和地面。

多晶硅电池的制作工艺与单晶硅电池相似，但是多晶硅电池的光电转换效率偏低，商业化生产的多晶硅电池光电转换效率约为 16%，实验室效率最高可达 20.3%。多晶硅电池的生产成本较低，但使用寿命较单晶硅电池要短。

（二）薄膜电池技术

薄膜电池根据材料体系不同主要可分为非晶/微晶硅薄膜电池和多元化合物薄膜电池，目前技术还未完全成熟，产业化规模相对较小。

非晶/微晶硅薄膜电池具有电耗低、成本低、重量轻的特点，便于大规模生产，其主要优点是在弱光条件下也能发电，主要问题是光电转换效率偏低。目前，国际上商业化生产的非晶/微晶硅薄膜电池的效率为 6%~8%，且不稳定。

多元化合物薄膜电池主要包括砷化镓Ⅲ-Ⅴ族化合物，硫化镉、碲化镉和铜铟硒薄膜电池等，砷化镓化合物电池转换效率可达 28%，但材料价格昂贵；商业化生产的硫化镉、碲化镉薄膜电池的效率为 9%~11%，成本较单晶硅电池低，但镉有剧毒，会对环境造成严重的污染；铜铟硒薄膜电池转换效率和多晶硅电池相近，具有价格低廉、性能良好和工艺简单等优点，但由于铟和硒都是比较稀有的元素，这类电池的发展规模受到很大限制。

（三）聚光太阳电池技术

聚光太阳电池是有别于平板太阳电池的另一类电池，聚光太阳电池利用聚光的办法提高太阳电池表面照度，相当于用光学系统代替昂贵的太阳电池，在降低成本的同时提高了效率。

聚光太阳电池技术最显著的优点是高光电转换效率，德国Fraunhofer研究所开发的三结砷化镓聚光电池的效率可达到42.7%。在相同的外部条件下，结合双轴追日技术的应用，聚光太阳电池年发电量为传统晶硅电池的1.2~1.4倍。

（四）新型太阳电池技术

新型太阳电池属于第三代电池，是低成本超高效的概念性太阳电池，目前正处于探索、开发与创新的阶段。新型太阳电池技术主要包括染料敏化太阳电池技术和有机电池技术。染料敏化太阳电池的优点是耗能较少、生产成本低、易于工业化生产、无毒无污染，主要缺点是效率低、稳定性差，仍处于技术开发阶段。

总体来看，晶硅电池的优点是转换效率较高、占地面积小，缺点是硅耗大、成本高；薄膜电池的优点是硅耗小、成本低，缺点是转换效率低、占地面积大、衰减大；聚光太阳电池的优点是转换效率高，缺点是不能利用漫射辐射，必须使用跟踪器，成本较高，目前主要用于航空航天领域。不同类型光伏发电技术比较如表2-1所示。

表2-1 不同类型光伏发电技术比较

技术路线	晶硅电池		薄膜电池				聚光太阳电池
	单晶硅	多晶硅	非晶硅	非晶/微晶硅	碲化镉	铜铟硒	
实验室效率（%）	24.7	20.3	12.8	15	18	18	42.7
批量生产效率（%）	23	18.5	8	11	13	12	30
优缺点	生产工艺成熟；成本仍具有下降空间，属于高污染、高耗能企业，存在政策风险		弱光效应好，适合沙漠电站，并能很好地应用于建筑光伏一体化；衰减较大，设备和技术投资较高，生产良品率较低				技术和规模化进度存在不确定性

二、光伏发电技术特点

（一）建设周期较短，运行维护简单

光伏发电技术原理和结构简单，建设周期较短，运行维护简单，可开发地区广；光伏发电是一种静态发电模式，没有机械旋转部件，不存在机械磨损，无噪声；光伏电站采用模块化设计，系统扩展性强，容量可灵活调节，规模从数瓦到数兆瓦，安装简单方便。另外，光伏电站系统主要由光伏组件和逆变器组成，运行无须消耗燃料，电站运行维护简单，基本可实现无人值守，成本较低。并且光伏发电在运行中不消耗水，不受水资源等条件约束，可在无水的荒漠地区开发建设，受地形影响较小，可开发地域广。

（二）光伏发电应用形式多样化，适用范围广

经过多年的发展，光伏发电技术相对成熟、运行可靠，并已经从独立发电系统，朝大规模并网电站方向发展。目前，光伏发电的应用形式主要有 3 种，即大型并网电站、分布式建筑光伏和离网光伏。大型并网电站主要建设在日照条件优越、地表平坦开阔的地区，其度电成本相对较低，但需要考虑电力的远距离输送以及无功功率补偿问题；分布式建筑光伏主要依托建筑物建设，接入配电网实现就地消纳；离网光伏主要用于解决偏远地区的电力供应问题，通常需要配置储能（如图 2-3 所示）。

（三）光伏发电出力具有显著的不确定性

太阳能发电与太阳辐射强度成正比，光伏发电系统出力直接受到太阳辐照度的影响，具有明显的间歇性和波动性特点，多云和阴雨天尤为明显。大规模光伏发电并入电网后，通常需要额外配置系统调节能力和无功补偿，这会增加光伏发电的利用成本。

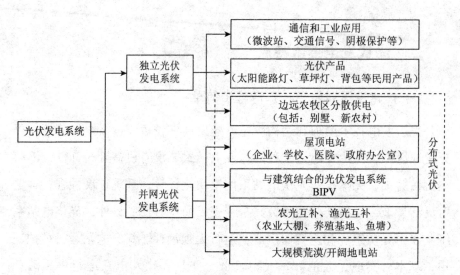

图 2-3　光伏发电站应用形式分类

| 第四节 |
光伏发电的不确定性及其影响

光伏发电出力具有明显的不确定性，这种不确定性主要包含随机性（或偶然性）和模糊性（或非明晰性）两方面，虽然两者都是用于表征光伏出力的不确定性，但其产生机理和物理意义均有一定差异。光伏发电的不确定性具体体现在以下四个方面：

第一，尽管地球围绕着太阳公转，且太阳无时无刻不在发光发热，但地球始终有一半处于黑暗之中，可是现代社会每时每刻都在耗电。

第二，光伏系统的电气参数、安装运行方式以及电池板表面的清洁程度、有无划痕等因素也会对其有效出力产生影响。

第三，光伏出力系统的输出功率随着电池表面接受的光照强度和电池温度的变化而变化，这两种因素均对光伏出力具有较大的影响，尤其是光照强度。

第四，大气层对于光伏发电的出力具有重要的影响，太阳光线在到达地面之前要穿过地球大气，因此，大气的透明度决定了太阳辐射到达地面的多少，大气的存在是使太阳辐射衰减的主要原因。云层、天气、气候等诸多不确定因素均会对光伏发电出力产生较大影响。

以上诸多不确定因素均会对光伏发电的出力产生影响，使得光伏发电系统不能像燃煤发电厂与核电发电厂一样具有 24 小时持续稳定的电力输出。

一、光伏发电对系统运行的影响

（一）对系统安全稳定的影响

1. 对电网电压及其稳定性的影响

当光伏并网发电系统的发电容量占电网内总发电量的比重逐步增大后，不仅可能对配电网内的电压控制产生影响，还可能影响到高压电网的电压特性，甚至引起电压稳定性方面的问题。

2. 对电网频率的影响

并网光伏发电出力具有较强的不确定性，特别是随着其发电容量占比的大幅提升，电网内的频率可能会出现波动，如果系统内的一次调频机组大多采用火电机组，将会在一定程度上影响汽轮机叶片的使用寿命。

3. 孤岛系统内的电压和频率安全

当系统内出现了孤岛效应后，在该孤岛内缺少蓄电池的前提下，该孤岛系统内用户的供电电压和频率质量，乃至电压和频率稳定性，都将有可能产生严重的问题。

（二）对系统电能质量的影响

1. 影响电压质量及其控制

光伏并网发电系统对配电网和高压输电网的电压质量及其控制均有一定的影响。集中供电的配电网一般呈辐射状，稳态运行状态下，电压沿馈线潮流方向逐渐降低。接入光伏电源后，由于馈线上的传输功率减少，使沿馈线各负荷节点处的电压被抬高，可能导致一些负荷节点的电压偏移超标。

此外，光伏并网发电系统受太阳辐照度的影响较大，发电量时常变化，而配电网中除了通过投切电容电抗器调节电压外，一般很少具有其他的动态无功调节设备，如果该类发电量所占比例较大，其具有的易变性将使配电线路上的负荷潮流极易波动且变化较大，从而加大了电网正常运行时的电压调整难度。

同时，光伏发电对于系统电压的影响程度还取决于光伏并网发电系统的安装位置、容量大小等。当电网内的光伏并网发电系统规模较大时，如果由于日照突变等原因导致光伏并网发电系统的电源突然减少或失去，这部分功率一般须由当地的配电变压器提供，可能会导致其安装母线处甚至整个配电网的电压骤降，使对系统电能质量的破坏作用凸显。

2. 谐波污染严重

光伏并网发电系统的直流电经逆变后转换为交流电并入电网时，会产生谐波，对交流电网造成谐波污染。当电网内的光伏并网发电系统规模有限时，如果滤波器的设计良好，由直流电逆变为交流电时所产生的高次谐波对交流电网造成的谐波污染一般在可控范围内。

但是，随着今后光伏并网发电系统的逐步推广和发电容量占电网内总发电量比例的上升，有关的谐波管理须得到应有的重视。如果管理不当，来自多个谐波源的能量叠加，有可能达到电能质量不可接受的谐波含量。另外，当系统内含有多个谐波源时，还可能在系统内激发出高次谐波的功率谐振。

3. 孤岛效应影响用户用电质量

当大电网因故障、事故或停电维修等原因中断供电时，各用户端的光伏并网发电系统有可能和周围的负载构成一个大电网无法掌握的自给供电孤岛，即孤岛效应。

孤岛效应对整个配电系统及用户端造成的影响主要包括：一是重新恢复供电时，因相位不同步而对大电网及用户造成冲击；二是电力孤岛区域供电电压和频率不稳定；三是当光伏并网发电系统切换成孤岛方式运行时，如果该供电系统内无储能元件或其容量太小，会使用户负荷发生电压闪变；四是光伏供电系统脱离原有的配电网后，其原来的单相供电模式可能会导致其他配电网内出现三相负载不对称的情况，因而可能影响到其他用户的电压质量。

因此，当光伏并网系统越来越多时，产生孤岛效应的概率也将会大大增加。在同一点上接入的太阳能光伏规模越大，发生脱网时对系统产生的影响也将越大。

（三）对调度运行的影响

1. 加大断面交换功率的控制难度

光伏并网发电系统受天气、季节、大气透明度等因素的影响较大，导致其向交流电网输送的功率处于不断的变化中，如果某一输电断面的某侧电网内有容量相对较大的光伏并网发电系统存在，可能会导致该输电断面的功率出现波动，这将不利于断面两侧系统间交换功率的平稳控制。

2. 增大制定日发电计划的困难

传统的电网发电计划，尤其是日发电计划，主要依赖于对负荷的准确预测。光伏并网发电系统所发出的电能往往能就地平衡掉当地的某些负荷，但光伏并网发电系统的出力具有显著的不确定性，使得整个电网的负荷总量具有了更多的时变性和随机性，从而加大了电网的发电计划，尤其是日发电计划的合理制定的难度。

3. 对原有调度管理体制形成挑战

由于光伏并网发电系统的投资人与电网公司可能来自多个不同的经济实体，因此，常会根据其自身需求随意启动和停运光伏并网发电系统；加之该类系统受气候、气象因素影响较大，使配电网侧的电力管理面临着前所未有的挑战，从而加大了电力管理部门调度电力的难度。如果有大规模大容量光伏并网发电系统直接接入高压输电网络，也同样会使高压输电网的管理面临类似的问题。

二、光伏发电对系统规划的影响

（一）对电源规划的影响

1. 对常规电源容量替代的影响

电源规划要求负荷的供电可靠性得到满足，系统负荷缺电率（LOLP），即负荷因为机组定期检修，或者不可预知的原因导致无法正常出力所造成的负荷缺电的概率应保持在一个相当小的范围内。根据系统负荷曲线的变化，由于在负荷高峰时段系统电力需求最大，在同样的电源故障情况下，负荷高峰时段系统缺电的概率最高、缺额也最大。为满足系统负荷需求，负荷高峰时段光伏发电究竟可提供多少可靠出力，即光伏发电的容量效益，将直接影响当日其他常规电源的开机规模，进而影响规划阶段常规电源的规划容量。

从出力特性看，光伏发电出力较大的时段主要集中在每日 10~14 时，晴天时光伏发电出力可达额定装机容量的80%以上。然而，从系统负荷特性看，目前，我国各大区域电网的日负荷特性基本呈现出日、夜双高峰的特点，很多地区晚高峰高于日高峰。负荷晚高峰一般出现在 21 时左右，此时光伏发电出力基本为零，不具有容量替代效益。另外，随着常规火电单机规模不断扩大，一般不在日内改变机组的启停，再加上储能装置的发展以及风、光等多能互补的出现，使得常规电源的规划面临着日益严峻的挑战。

2. 对系统灵活电源需求的影响

光伏发电具有白天发电、夜间不发电的特点。我国西北地区光伏发电规模大，但西北地区负荷水平低，且青海、宁夏、甘肃等省区的负荷峰谷差较小，在光伏发电规模较大，且日间出力大发时，将导致系统净负荷水平大幅降低，可能出现白天负荷低于夜间的情况，系统负荷特性将发生重大变化，对水电、抽水蓄能等常规电源的运行方式将产生重大影响。

以青海电网为例，2015年，青海电网的日最大负荷约为700万千瓦，根据青海电网负荷特性，预计中午12时负荷约为660万千瓦，夜间最低负荷约为580万千瓦，两个时段的负荷仅相差80万千瓦左右。如果青海电网的光伏发电装机规模超过100万千瓦，将可能导致等效负荷曲线呈现中午低于夜间的特点，随着光伏装机规模的进一步扩大，系统等效负荷的峰谷差有可能将进一步拉大，对系统的调峰能力将提出更高的要求。

此外，光伏发电出力受天气的影响很大，尤其在多云天气，发电功率会发生快速剧烈的变化，最大变化率将会超过10%额定功率/秒。光伏发电大规模并网后，由于发电功率具有快速不确定性，需要常规发电机组的旋转备用容量进行功率调整补偿。在我国，电源装机以火电为主，常规火电的调节能力可能无法及时跟踪光伏发电的变化，需要采取火电机组灵活性改造、加大抽水蓄能、发展天然气发电等举措提高系统的灵活调节能力，满足大规模光伏并网后的功率平衡。

（二）对电网规划的影响

1. 大型光伏电站对电网规划的影响

我国西部和北部的青海、甘肃、新疆、蒙西等地区适宜建设大规模集中式的光伏电站，这些地区可利用荒漠地区丰富和相对稳定的太阳能资源，建设大规模的光伏发电基地。由于这些荒漠化地区负荷水平低、电力需求有限，系统接纳光伏发电的能力很低，必须接入高压输电系统并进行远距离输送。在光伏发电规模较小时，主要通过高压输电送入本省电网的负荷中心，需要同步加强省内高压电网的建设；随着光伏发电规模的扩大，需要送入更远距离的区域电网进行消纳，除了需要加强省内电网外，还需加强区域电网内跨省互联的建设；随着光伏发电规模的进一步扩大，还需要建设跨区外送通道，实现光伏发电的大规模跨区外送，为提高输电的利用效率，还需要综合考虑与区域内的水电、风电、火电等各类电源配合，实现协调外送。

2. 分布式光伏发电系统对电网规划的影响

分布式光伏发电系统的接入将给配电网规划带来诸多影响。用户侧分布式光伏电源的大量接入不但使负荷增长和分布情况难以预测，还会对配电网结构产生深刻影响。大规模分布式光伏并网将会改变配电网的潮流方向，配网潮流将从单向变化为双向，对配电网的电压稳定及频率稳定将会产生影响，对配电网的调度运行和继电保护配置也将产生影响，对配电网的结构设计和协调成为迫切需要解决的问题。在建设坚强智能配电网的运行框架下，如何合理规划含光伏发电系统的智能配电网是今后必将面临的问题。

综合来看，光伏发电所固有的不确定性，使得光伏发电具有很强的不可控性，特别是大规模光伏无论是集中接入还是分散接入电力系统后，对系统运行和规划造成的影响均不容忽视，从而限制了其有效利用，因此，全面地研究太阳能光伏的不确定性以及对接入系统的影响，已成为光伏发电发展过程中需要解决的一个关键的基础性问题。

| 第五节 |
光伏发电的发展趋势

一、国外光伏发电技术研究热点

太阳能光伏发电系统中的基本核心部件是光伏电池，若想实现其大规模的应用需要解决两大难题：一是提高光电转换效率；二是降低生产成本。以硅片为基础的第一代光伏电池，其技术虽已发展成熟，但高昂的材料成本在全部生产成本中占据着主导地位，不仅消耗了大量的硅材料，而且制作过程中要消耗很多能源。基于薄膜技术的第二代光伏电池中，很薄的光电材料被铺在非硅材料的衬底上，大大减少了半导体材料的消耗，并且易于形成批量自动化生产，从而大大降低了光伏电池的成本。国际上已经开发出电池效率15%以上、组件效率10%以上和系统效率8%以上、使用寿命超过15年的薄膜电池工业化生产技术。第三代高转换效率的薄膜光伏电池通过减少非光能耗，增加光子有效利用以及减少光伏电池内阻，使得光伏转换效率的上限有望获得新的提升。

另外，多晶硅光伏电池比单晶硅光伏电池的材料成本低，是世界各国竞相开发的重点。目前它的研究热点包括：开发多晶硅生产技术，开发快速掺杂和表面处理技术，提高硅片质量，研究连续和快速的布线工艺，研发高效率电池工艺技术等。非晶硅电池仍处在发展之中，每年的新增产量在10兆瓦以上。化合物太阳电池（如铜铟镓硒等）正因其转换效率高、成本低、弱光性好及寿命长等优点有望成为新一代光伏电池的发展方向。

逆变器是将直流电变换为交流电的电力电子变换装置。光伏阵列所发电为直流电，但目前最普遍的是交流负载。因此，除特殊用电负荷外，均需要使用逆变器将直流电变换为交流电。独立光伏发电系统中逆变器的安全可靠运行是需要解决的首要问题。此外，蓄电池端电压在充放电过程中的波动很大，要求逆变器有较好的调压性能。由于并网逆变器在向电网供电时，电网可能会因电气故障、误操作或自然因素等原因中断供电，但并网逆变器仍会继续向电网输送一定比例的电能，这就会导致所谓的"孤岛效应"，并网型逆变器区别于独立型逆变器的一个重要特征是必须进行"孤岛效应"防护。一方面，"孤岛效应"可能会导致进行故障电力线路和设备检修的工作人员发生伤亡事故；另一方面，一旦电网恢复供电，电网和并网逆变器的输出电压和相位可能存在较大的差异，会在一瞬间产生很大的冲击电流而损坏设备。所以，在电网停电后，必须立即中止光伏并网发电系统对电网的供电。目前，国际上对于逆变器的研究，一方面集中于针对"孤岛效应"的被动和主动防护检测方法；另一方面综合了 MPPT 控制、电网电流控制及电压放大等多功能的多电平逆变器也逐渐浮出水面，成为提高光伏发电系统整体效率的重要途径之一。

此外，光伏发电领域相关的技术标准仍在不断完善中。对于并网系统，权威的电能质量、孤岛检测以及接地保护标准是厂商和用户都能安全操作测试的重要保障。IEEE P1547 标准对光伏并网系统的过流保护、短路保护、电气隔离、通信和控制对整体电网性能的影响提出了一个规范的评估体系。未来构建简单、经济、实用的小规模光伏发电系统网络将是光伏发电领域发展的重点。

二、国内光伏发电技术进展

我国于 1958 年开始研究太阳能电池；1971 年，太阳能电池首次被成功应用于自主发射的东方红二号卫星上；1973 年，太阳能电池开始用于地面工程。我国光伏工业在 20 世纪 80 年代以前电池的年产量一直徘徊在 10 千瓦以下，并且价格非常昂贵；80 年代以后，国家开始对光伏工业和光伏市场的发展给予支持，中央和地方政府在光伏领域投入了大量资金，使得我国太阳能电池工业得到了巩固并在许多应用领域建立了示范应用系统，如微波中继站、部队通信系统、水闸和石油管道的阴极保护系统、农村载波电话系统、小型户用系统和村庄供电系统以及并网发电系统等。

近年来，我国在光伏发电技术研发方面先后开展了晶体硅高效电池、非晶硅薄膜电池、碲化镉和铜铟硒薄膜电池、多晶硅薄膜电池及应用系统关键技术的研究。特别是在"十五"期间，国家通过科技攻关和"863 计划"支持了一批增强现有装备生产能力的项目，大幅度提高了光伏发电技术和产业的水平。

目前，我国光伏发电设备制造产业链的建设已基本完成，改变了"晶硅材料、制造装备、应用市场三头在外"的局面。2015 年，全年开工多晶硅企业达到 16 家，产能达 19 万吨，产量达到 16.5 万吨，占全球总产量的 47.8%；硅片总产能约为 6430 万千瓦，产量约为 4800 万千瓦；光伏电池片总产能约为 5300 万千瓦，产量为 4100 万千瓦，占全球总产量的66%；国内 206 家光伏组件制造企业的产量为 4390 万千瓦，占全球总量的 69.1%。目前，我国硅片、电池片和组件的产量位居世界首位。除了保持光伏制造全产业链发展规模第一外，我国光伏制造企业的技术水平近年来提升显著。国内企业研发的多项电池效率位居世界第一，国内企业生产的单晶硅电池和 PERC 电池产量与市场份额也在逐步扩大。2010—2016 年中国多晶硅产能和产量情况如图 2-4 所示。

在应用方面，到 2015 年底，全国光伏发电总装机容量达到 4318 万千瓦，同比增长 54%，远超"十二五"设定的 3500 万千瓦的装机目

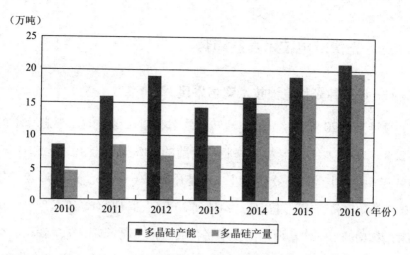

图 2-4　2010—2016 年中国多晶硅产能和产量情况

标，超越德国成为全球第一大光伏发电应用市场。2015 年，光伏发电装机容量占全部发电装机容量的 3%，较 2014 年提高了近 1 个百分点。集中式光伏电站仍然占据主导地位，当年新增装机 1374 万千瓦，累计装机 3712 万千瓦，同比增长 59%；分布式光伏电站的发展相对缓慢，新增装机 139 万千瓦，累计装机 606 万千瓦，同比增长 30%。"十二五"期间中国光伏发电装机及增速如图 2-5 所示。

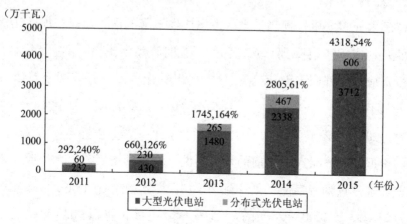

图 2-5　"十二五"期间中国光伏发电装机及增速

三、光伏发电技术发展趋势

(一) 多种光伏电池技术竞相发展

预计到 2020 年，单晶硅电池转换效率有望从目前的 19% 进一步提升至 21%~23%，多晶硅转换效率将从目前的 18% 提升至 19.5%~21%。到 2030 年，晶硅电池转换效率将进一步提升至 23%~25%。到 2050 年，晶硅电池转换效率将有望超过 25%。预计到 2030 年后，同时涵盖新理念、新材料和新结构的下一代新型电池技术将会成熟，实现 30% 的转换效率。平衡部件、逆变器将向功能一体化、小型化、智能化方向发展，并融合物联网、微电网以及大数据技术，实现光伏电站性能的提升和运维的智慧化。同时，随着系统控制技术和电力电子技术的逐步提高，高穿透水平的分布式智能电网技术的逐渐成熟，光伏技术的应用范围将会出现极大的扩展。

(二) 光伏发电的经济性不断获得提升

太阳能光伏发电是最具成本下降潜力的可再生能源发电技术之一。未来，随着技术水平的进一步提高和成熟，光伏发电成本仍将会保持下降趋势。

国内外多家机构预测了光伏发电成本下降的潜力：IEA 预期光伏发电的长期成本可以降到 0.65 美元/千瓦时；美国提出到 2020 年光伏系统投资成本将降到 1 美元/瓦；日本提出的光伏发电路线图坚持以 "实现电网平价" 为理念，设定了到 2017 年光伏发电成本降至 14 日元/千瓦时、2025 年降至 7 日元/千瓦时的目标。

根据我国光伏产业当前的发展情况、近期的发展需求、产业基础以及市场规模预期等情况，预计到 2020 年大型光伏电站和分布式光伏发电投资将降至 4000 元/千瓦，大型光伏发电项目将在 2030 年接近于脱硫燃煤机组上网电价。

（三）分布式建筑光伏发电系统得到推广应用，离网式光伏发电系统应用范围进一步扩大

分布式建筑光伏发电系统具有不占土地、能够降低输电投资和损耗、美观节能等优点，且多位于负荷中心，可就近上网，是未来光伏发电系统重要的发展方向，将会得到越来越广泛的应用。离网式光伏发电系统在偏远无电地区，以及在通信、交通、照明等领域的应用规模将会进一步扩大。

（四）光伏微电网发电技术向着高稳定性和低成本方向发展

光伏微电网以光伏发电为主要电源，并可与其他电源或储能装置配合，直接分布在用户负荷中心附近进行供电。典型微电网属于"可控单元"，可完全脱离主网运行，也可接入主网运行，可减少电网输配电投资，减少太阳能间歇性和不稳定性对用户的影响，非常适合供电成本较高的边远山区和海岛以及具有高可靠性要求的用户使用，将成为提高光伏发电并网友好性的重要途径。

目前，微电网发电技术在全球尚处于研究示范阶段，成本仍然较高，随着技术持续进步，成本将逐步降低，未来发展潜力巨大。

| 第六节 |
小结

　　人类对太阳能的利用有着悠久的历史，特别是近十几年，太阳能进入大发展阶段。本章首先简要综述了人类利用太阳能的历史，重点介绍了目前太阳能主要利用形式——光伏发电的基本原理和应用方式，然后分析了光伏发电的晶硅电池技术、薄膜电池技术、聚光太阳电池技术以及新型太阳电池技术等主要技术的发展情况，比较了各类型技术的特点，并基于对光伏发电不确定性的系统分析，重点研究了光伏发电的不确定性对于系统安全稳定运行、电能质量、调度运行、电源规划、电网规划等电力系统运行与规划各个方面的影响，最后总结了国内外光伏发电技术在产业发展、技术进步、成本降低等多方面的研究热点和发展趋势。

　　总体来看，光伏发电在未来很长的时间内仍将是人类利用太阳能的主要形式，但如何更好地利用太阳能，将取决于对其复杂不确定性的科学认识和合理使用。

｜参考文献｜

［1］赵为．太阳能光伏并网发电系统的研究［D］．合肥：合肥工业大学，2003.

［2］沈辉．太阳能光伏发电技术［M］．北京：化学工业出版社，2005：205.

［3］Urbina M．，Li Z．A Fuzzy Optimization Approach to PV/Battery Scheduling with Uncertainty in PV Generation［C］．2006.

［4］崔容强，汪建强，孟凡英，等．太阳能光伏发电之未来［J］．可再生能源，2008（3）：96-101.

［5］滨川圭弘．太阳能光伏电池及其应用［M］．北京：科学出版社，2008：244.

［6］崔容强．太阳能光伏发电——中国低碳经济的希望［J］．自然杂志，2010（3）：149-155.

［7］However．Risk-Constrained Unit Commitment of Power System Incorporating PV and Wind Farms［J］．Isrn Renewable Energy，2011（1）.

［8］Pelland S．，Galanis G．，Kallos G．Solar and Photovoltaic Forecasting through Post-Processing of the Global Environmental Multiscale Numerical Weather Prediction Model［J］．Progress in Photovoltaics Research & Applications，2013，21（3）：284-296.

［9］Geoffstapleton．太阳能光伏并网发电系统［M］．北京：机械工业出版社，2014：185.

第三章

光伏发电的复杂不确定性建模分析

COMPLEX UNCERTAINTY ANALYSIS AND MODELING OF
PHOTOVOLTAIC POWER SYSTEM
AND ITS APPLICATION

| 第一节 |
复杂性科学

复杂性科学是研究复杂系统行为与性质的科学，它的研究重点是探索宏观领域的复杂性及其演化问题，涉及数学、物理学、化学、生物学、计算机科学、经济学、社会学、历史学、政治学、文化学、人类学和管理科学等众多学科。从历史角度来看，贝塔朗菲创立一般系统论标志着复杂性科学的诞生，而且依据研究对象的变化，复杂性科学的发展历史大致可以划分为三个阶段。

一、第一阶段：研究存在

贝塔朗菲于 20 世纪 40 年代创立了一般系统论，于 1968 年出版了《一般系统论：基础、发展和应用》，揭示了系统的若干概念及初步的数学描述、看作物理系统的有机体、开放系统的模型、生物学中若干系统论问题、人类科学中的系统概念、心理学和精神病学中的一般系统论。

与一般系统论同时兴起的另一复杂性科学形态是控制论，维纳于 1948 年出版了《控制论》，主要研究动物和机器中控制与通信的理论问题，其基础是提出了反馈调节的概念，系统通过反馈调节维持某一状态或趋向某一目标，属于科学的范围。

复杂性科学的另一形态是人工智能，其奠基者麦卡洛克和匹茨与维纳在控制论的发展过程中曾经有过密切的合作，他们于 1943 年构造了第一个神经网络模型。

一般系统论、控制论和人工智能成为此阶段复杂性科学的主要成就，其中一般系统论是具有代表性的成果，因为它的新思维方式和科学方法论促成了复杂性科学的诞生。但之后一般系统论发展缓慢，甚至出现了停滞局面；控制论也转向了工程技术层次；只有人工智能仍在不断发展，直到现在仍是复杂性科学的重要组成部分。

二、第二阶段：研究演化

在此阶段，复杂性科学主要研究系统从无序到有序或从一种有序结构到另外一种有序结构的演变过程，所用的研究方法不再是还原分解，而是物理实验或模型、数学模型、计算机模拟等；耗散结构理论、协同学、超循环理论、突变理论、混沌理论、分形理论和元胞自动机理论成为此阶段复杂性科学的主要理论成果。

除元胞自动机理论以外，这些科学理论均产生和形成于20世纪六七十年代，它们都是从时间发展的角度，研究系统的演化行为和性质。元胞自动机理论是于20世纪50年代由冯·诺依曼创立的，其产生和形成时间虽然早于其他理论，但也是从离散时间的角度，研究演化的行为，故也被归入复杂性科学的第二阶段。根据理论的形式化和抽象程度，第二阶段的复杂性科学可以分为两类：具体经验科学和形式科学。其中，具体经验科学包括耗散结构理论、协同学和超循环理论；形式科学包括突变理论、混沌理论、分形理论和元胞自动机理论。

三、第三阶段：综合研究

进入第三阶段后，复杂性科学仍然主要研究演化、生命的进化、人思想的产生、物种的灭绝、文化的发展等，但不再进行分门别类的研究，而是打破以前的学科界限，进行综合研究，其主要研究工具是计算机，隐喻和类比成为这一阶段主要的研究方法。相比前两个阶段的复杂性科学主要以自然科学为基础，以数学、物理等学科为背景，第三阶段中社会科学在复杂性科学研究中发挥了重要作用，特别是经济学使复杂性科学开始成功地研究复杂的经济和社会系统。另外，前两个阶段的复杂性科学研究基本上是嫁接在传统科学研究之上的，如物理学、化学和生物学等，没有形成统一的复杂性科学研究团体，而随着圣塔菲研究所的成立和《复杂性》《突现》等专门刊物的出版，复杂性科学共同体逐步形成，复杂性科学正在形成统一的范式。

我国最早明确提出探索复杂性方法论的是我国著名的科学家钱学森，他从 20 世纪 80 年代就洞察到这一科学新方向的重要性，并不断努力聚集了一批力量，"以开放的复杂巨系统（OCGS）理论为学术旗帜开创了中国复杂性研究之先河"。钱学森提出了以"从定性到定量的综合集成法"处理开放复杂巨系统的方法论。综合集成法就是将专家群体（各方面专家）、数据和各种信息与计算机软硬件技术有机地结合起来，把各种科学理论和经验知识结合起来，使之成为一个系统，并发挥出这个系统的整体和综合优势。后来，钱学森又把综合集成法拓展为"从定性到定量的综合集成研讨厅"体系，主张人—机结合，把人心智的高度灵活性和计算机在计算与处理信息方面的高性能有机结合起来，形成"大成智慧工程"。以钱学森为首的中国科学家近几十年在复杂性科学领域不断深入，成思危教授在《复杂性科学与管理》一文中指出"研究复杂系统的基本方法应当是在唯物辩证法指导下的系统科学方法"，并提出四个方面的结合，即定性判断与定量计算、微观分析与宏观分析、还原论与整体论、科学推理与哲学思辨相结合。复杂性研究在我国受到重视的程度日益提升，研究已涉及相当多的领域。

| 第二节 |

复杂不确定性

一、复杂不确定性的界定

对于不确定性的概念，不同的学科领域具有不同的界定。在经济学中，不确定性是指经济行为者在事先不能准确地知道自己某种决策的结果，或者说，只要经济行为者的一种决策的可能结果不止一种，就会产生不确定性；不确定性，最初源于经济学中关于风险管理的概念，指经济主体对于未来的经济状况（尤其是收益和损失）的分布范围和状态不能确知。在量子力学中，不确定性指测量物理量的不确定性，在不同的时间对一些力学量进行测量，就有可能得到不同的值，出现不确定结果。也就是说，当测量时，可能得到这个值，也可能得到那个值，得到的值是不确定的；只有在这个力学量的本征态上测量它，才能得到确切的值。在微观物理学中，若想更准确地测量质点的位置，那么测得的动量就会更不准确；不可能同时准确地测得一个粒子的位置和动量，因而，也就不能用轨迹来描述粒子的运动，与宏观世界一样，微观世界同样具有客观规律，独立于意识之外，这就是微观物理学中的不确定性原理。综合来看，不确定性是指客观事物联系和发展过程中无序的、或然的、模糊的、近似的属性。

在近代科学发展史上，以牛顿力学为代表的经典自然科学曾向人们描绘了一幅确定性的世界愿景，并且宣称这幅愿景图中的空白之处或者不清晰之处只是暂时的，是等待人类去逐渐填充的领域。然而 20 世纪

60 年代以来，现代系统科学中关于混沌现象的研究，却打破了传统科学中把"确定性"与"不确定性"截然分割的思想禁锢，并用大量客观事实和实验表明，正是由于确定性和不确定性的相互联系及相互转化，才构成了丰富多彩的现实世界。

不确定现象的表现形式多种多样，第一种主要表现为事物各种可能发生结果的不确定性，属于概率论的研究范畴，其理论发展和完善经历了一个漫长的过程：1654 年，Pascal 和 Fermat 在信件中讨论赌徒 De Mere 提出的赌博问题，提出了一些初等概率的规律；1657 年，Huygens 撰写了第一本概率论的书籍；1764 年，Bayes 提出贝叶斯统计学；到 1930 年之前，概率论的研究从整体上并没有进行严密的理论论证，出现了贝叶斯学派和频率学派之间混乱论战的局面；1933 年，Kolmogorov 提出了 3 条公理，从这 3 条公理出发，以测度论为工具构筑起了整个概率论的理论体系（贝叶斯学派和频率学派的研究也都大体遵守这一公理化体系），从此，概率论在数学和其他科学领域内得到了飞速的发展和广泛的应用。

不确定现象的第二种表现为事物类属的不确定性，属于模糊理论的研究范畴，模糊理论的研究一直以来都是学术界研究的热点和难点之一：1975 年，Kaufmann 首次提出了模糊变量的概念；1978 年，Zadeh 提出了可能性理论，刻画了模糊事件发生的可能性，为模糊论的发展奠定了重要基础。然而此时的模糊理论内部仍存在不相容的反例，导致模糊理论无法公理化，直到 21 世纪初，我国数学家刘宝碇利用测度论才完成了模糊论的公理化体系。

粗糙性是不确定性现象的第三种表现形式，波兰学者 Z. Pawlak 在 1982 年提出了粗糙集理论，是把目标集合用一对上近似、下近似来表达元素对集合从属关系的不确定性，体现了一种粒度化的思想。1991 年，Pawlak 出版了《粗糙集——关于数据推理的理论》，推动了国际上对粗糙集理论与应用的深入研究，使粗糙集理论以及应用的研究进入了一个新的阶段。随后 Biswas 和 Nanda 定义了粗子群的概念，Kuroki 定义了半群的粗理想概念以及讨论了粗理想的积结构，并研究了半群子集的近似。Kuroki 和 Wang 也对正规子群的上、下近似的一些性质进行了相关讨论。研究表明，粗糙集理论只通过数据本身而不需要其他多余的信息，就可以获取数据之间的相关性，粗糙集理论相对比较客观，与模糊理论处理不确定性问题时有很强的互补性。粗糙集理论发展近几十年来，无论是在理论研究方面，还是在应用研究方面，都取得了很多成果。

现实生活中的不确定性是异常复杂的，可能具有随机性质，也可能具有模糊性，或者是粗糙性，甚至更多的具有随机、模糊、粗糙多种多重不确定性，为了准确把握这些具有复杂不确定性系统的行为和性质，经典的理论方法通常是无能为力的。虽然已有的随机和模糊方法可以解决一部分不确定性问题，但远远不能满足复杂性科学研究的需要。为此，我国数学家刘宝碇在测度论的基础上，建立了可信性理论，使得多种不确定性综合评估有了严格的数学基础，为多种多重不确定性问题的建模、求解奠定了理论基础。

二、电力系统复杂不确定性的特点

在电力系统中，对于信息量较丰富、反映随机现象的不确定性，可以用随机变量来描述；而对于缺乏精确测量工具和概念外延无法精确定义等造成的不确定性，由于提供的信息量较少，只能用经验或专家意见来描述，即采用模糊数来表示。目前，概率理论、模糊理论等已经在电力系统中得到广泛应用，并取得了一定的研究成果，但是随着研究的深入，人们发现随机、模糊多种多重不确定性才是电力系统主要的不确定性表现形式。比如，发电机组故障具有随机性，而其可用出力又具有模糊性；光伏发电也是如此，并且它受到的内部、外部和时间、空间的不确定性影响较其他常规能源更为复杂而庞大。因此，对电力系统的复杂性进行研究，构建多种多重不确定性的模型和方法，具有重要的理论和实践意义。电力系统中的复杂不确定性不仅具有不确定性的一般特征，而且由于电力系统的特殊性，其不确定性具有独特之处可概括为如下几点：

（一）电力系统中的复杂不确定性具有交互影响性

一方面，电力系统中存在大量的客观复杂不确定性，具有其自身的产生和发展规律。不同的客观不确定性之间存在相互影响，比如光伏运行的不确定性将影响到光伏的规划，而光伏技术和成本的不确定性反过来又可能制约光伏运行。

另一方面，客观复杂不确定性的普遍存在会影响到决策主体的判断。由于决策主体对复杂不确定性的认识不够全面，将会产生新的不确定性，并且会影响到客观不确定性的发展变化规律，主观不确定性与客观不确定性交互影响；同时，某一个体的主观不确定性还将对其他个体的行为产生影响，比如，光伏电站与其他电源参与电力电量平衡的过程。

（二）电力系统中的复杂不确定性的存在与产生具有可转化性

一方面，随着人们认知能力的增强，可在一定程度上降低复杂不确定性所引起损失的范围、程度，从而使某些不确定性削弱或消失，或为人们所预知与控制。

另一方面，如果决策主体不能正确认识到复杂不确定性无处不在，不能够认识到自身所处的环境、所面临的不确定性及其可能的影响，不能够及时采取相应的控制措施，则原有复杂不确定性的发展变化将可能带来新的不确定性影响。

（三）电力系统中的复杂不确定性具有广泛关联性

电力系统中的复杂不确定性与其他行业及外界环境密切相关、相互影响。研究电力系统中的复杂不确定性，不能脱离其所存在的客观环境，不能单纯地把不确定性的外在表现剥离出来孤立研究，而应该从整体出发，全面考虑复杂不确定性的成因与相关因素，这样才能正确地看待和分析不确定性问题，发现问题的本质和规律。

| 第三节 |

可信性理论

一、可信性理论的基本概念

在主观认识领域，模糊性的作用比随机性更能描述客观存在。很多情况下，由于客观条件的限制，统计推断所需的信息很难完整，以至于基于传统概率条件下做出的统计推断并不是很准确，这将导致决策产生偏差，甚至错误。可信性理论的主要工作是创造性地吸收并发展模糊理论的研究成果，建立一套完善的理论体系，指导现实生活，一定程度上规避这种信息不完全所带来的影响。可信性理论通过以下 4 条公理，可以推导出模糊理论中大部分的已知定理：

令 Θ 为非空集合，ϕ 为空集，$P(\Theta)$ 为 Θ 的幂集，$\wedge$ 为最小化算子，sup 为上确界，$P_{os}\{A\}$ 描述了事件 A 发生的可能性。

【公理 1】$P_{os}\{\Theta\} = 1$。

【公理 2】$P_{os}\{\varphi\} = 0$。

【公理 3】对于 $P(\Theta)$ 中的任意集合 $\{A_i\}$，$P_{os}\{\cup_i A_i\} = \sup_i P_{os}\{A_i\}$。

【公理 4】：如果 Θ_i 是非空集合，其上定义的 $P_{osi}\{\cdot\}$（$i = 1, 2, \cdots, n$）满足前三条公理，并且 $\Theta = \Theta_1 \times \Theta_2 \times \cdots \times \Theta_n$，则对于每个 $A \in P(\Theta)$，$P_{os}\{A\} = \sup_{(\theta_1, \theta_2, \cdots, \theta_n) \in A} P_{os1}\{\theta_1\} \wedge P_{os2}\{\theta_2\} \wedge \cdots \wedge P_{osn}\{\theta_n\}$。

【定义 3.1】如果 P_{os} 满足前三条公理，则称 P_{os} 为可能性测度。（Θ，$P(\Theta)$，P_{os}）称为可能性空间。若 A^c 为 A 的对立集合，则称 $N_{ec}\{A\} = 1 -$

$P_{os}\{A^c\}$ 为 A 的必要性测度。则定义 A 的可信性测度为:

$$C_r\{A\} = \frac{1}{2}(P_{os}\{A\} + N_{ec}\{A\})\tag{3.1}$$

一个模糊事件的可能性为 1 时,该事件未必成立。同样,当事件的必要性为 0 时,该事件也可能成立。但是,若该事件的可信性为 1,则必然成立,反之,若可信性为 0,则必不成立。可信性理论最根本的就是可信性测度的定义,它的核心地位相当于概率论中的概率测度。

【定义 3.2】假设 ξ 为一个从可能性空间——$\Theta, P(\Theta), P_{os}$,到实直线 R 上的函数,则称 ξ 是一个模糊变量。常用的模糊变量主要有三角模糊变量和梯形模糊变量,定义如下:

【定义 3.3】如果一个模糊变量 ξ 的隶属函数满足:

$$\mu(x) = \begin{cases} \dfrac{x - a_L}{a_M - a_L}, & a_L \leqslant x \leqslant a_M \\ \dfrac{a_H - x}{a_H - a_M}, & a_M \leqslant x \leqslant a_H \\ 0, & \text{其他} \end{cases}\tag{3.2}$$

则称 ξ 为三角模糊变量 $(a_L, a_M, a_H)(a_L < a_M < a_H)$,简记为 $\xi = (a_L, a_M, a_H)$,参数 a_L、a_M、a_H 分别表示此不确定数值的可能最小值、最可能希望值及可能最大值。为了更进一步对不确定信息进行扩展描述,将包含的确定性成分视为区间中的一个小区间,人们定义了梯形模糊变量。

【定义 3.4】如果一个模糊变量 ξ 的隶属函数满足:

$$\mu(x) = \begin{cases} \dfrac{x - a_L}{a_{M1} - a_L}, & a_L \leqslant x \leqslant a_{M1} \\ 1, & a_{M1} \leqslant x \leqslant a_{M2} \\ \dfrac{a_H - x}{a_H - a_{M2}}, & a_{M2} \leqslant x \leqslant a_H \\ 0, & \text{其他} \end{cases}\tag{3.3}$$

则称 ξ 为梯形模糊变量 $(a_L, a_{M1}, a_{M2}, a_H)(a_L < a_{M1} < a_{M2} < a_H)$，简记为 $\xi = (a_L, a_{M1}, a_{M2}, a_H)$。

【定义 3.5】若 ξ 是可信性空间——$\Theta, P(\Theta), P_{os}$ 上的模糊变量，则 ξ 的隶属函数为：

$$\mu(x) = P_{os}\{\theta \in \Theta \mid \xi(\theta) = x\}, \ x \in R \tag{3.4}$$

由上述定义可以证明如下反演公式：对任意实数集 B，有：

$$C_r\{\xi \in B\} = (\sup_{x \in B} \mu(x) + 1 - \sup_{x \in B^c} \mu(x))/2 \tag{3.5}$$

【例 3.1】水电机组可用出力的不确定性是电力系统运行的不确定性之一，它受到季节、天气等因素影响，无法给出精确数值，因此可以采用模糊变量来表示水电机组可用出力，例如，某机组的出力 $\xi_G = (35, 50, 55)$，单位为兆瓦，并可以由式（3.1）得该机组出力的可信性测度为：

$$C_r\{\xi_G \geqslant r\} = \begin{cases} 1, & r \leqslant 35 \\ \dfrac{65 - r}{30}, & 35 < r \leqslant 50 \\ \dfrac{55 - r}{10}, & 50 < r \leqslant 55 \\ 0, & r > 55 \end{cases}$$

【定义 3.6】设 ξ 为一个定义在可能性空间——$\Theta, P(\Theta)$ 上的模糊变量，则称：

$$E_{fuz}[\xi] = \int_0^\infty C_r\{\xi \geqslant r\} dr - \int_{-\infty}^0 C_r\{\xi \leqslant r\} dr \tag{3.6}$$

为 ξ 的期望值（为了避免出现 $\infty - \infty$ 的情形，要求式（3.6）右端中两个积分至少有一个有限）。

【例 3.2】典型模糊变量的期望值。三角模糊变量 (a_L, a_M, a_H) 的期望值为：

$$E_{fuz}[\xi] = (a_L + 2a_M + a_H)/4$$

梯形模糊变量 $(a_L, a_{M1}, a_{M2}, a_H)$ 的期望值为：

$$E_{fuz}[\xi] = (a_L + a_{M1} + a_{M2} + a_H)/4$$

二、随机模糊变量

【定义 3.7】如果 ε 是从可能性空间——Θ，$P(\Theta)$，P_{os} 到随机变量集合的函数，则称 ε 是一个随机模糊变量。

【例 3.3】水电机组主要有运行和故障两种状态，具有随机性，而其可用出力又具有模糊性，因此水电机组的运行状态可用随机模糊变量 ε 表示，例如，可表示为 $P_{r,G}$ $(\varepsilon = \xi_G) = 0.99$，$P_{r,G}$ $(\varepsilon = 0) = 0.01$，其中，ξ_G 为形如例 3.1 定义的三角模糊变量，$P_{r,G}$ 表示发电机组状态概率。

【定义 3.8】设 ε 为一个定义在可能性空间——Θ，$P(\Theta)$，P_{os} 上的随机模糊变量，则称：

$$E_{pro-fuz}[\varepsilon] = \int_0^\infty C_r\{\theta \in \Theta \mid E[\varepsilon(\theta)] \geqslant r\}dr -$$

$$\int_{-\infty}^0 C_r\{\theta \in \Theta \mid E[\varepsilon(\theta)] \leqslant r\}dr \tag{3.7}$$

为 ε 的期望值（为了避免出现 $\infty - \infty$ 的情形，要求式（3.7）右端中两个积分至少有一个有限）。

【定义 3.9】设 ε 为一个随机模糊变量，且具有有限期望值，则称 $[\varepsilon - E_{pro-fuz}(\varepsilon)]^2$ 为 ε 的方差，记为：

$$V_{pro-fuz}[\varepsilon] = E\{[\varepsilon - E_{pro-fuz}(\varepsilon)]^2\} \tag{3.8}$$

【例 3.4】求例 3.3 中 ε 的期望值。

对于任一 $\theta \in \Theta$，$\varepsilon(\theta)$ 为一二点分布的随机变量，则 $\varepsilon(\theta)$ 的期望值为：

$$E_{pro}[\varepsilon(\theta)] = 0.99\xi_G(\theta)$$

由式（3.6）得到三角模糊变量的期望值，从而得到：

$$E_{pro-fuz}(\varepsilon) = 0.99E_{fuz}[\xi_G] = 0.99 \times [(35 + 2 \times 50 + 55)/4] = 47.025$$

| 第四节 |

光伏发电的复杂不确定性建模

一、光伏发电的确定性建模

（一）太阳辐射强度变化特性

地表接受到的太阳辐射强度取决于太阳与地球的相对位置、地表的海拔高度以及当地的大气成分和天气情况。地球的运行轨迹遵循着严格的规律，沿黄道面公转产生四季变换，自西向东自转产生昼夜交替。因此，太阳辐射强度在随机波动的同时表现出明显的规律性。

1. 太阳辐射强度年变化特性

全年的太阳辐射总量，从赤道向两极递减：纬度越高，辐射总量越小。对于确定纬度的观测点，通常可采用地表水平面上的太阳辐射日总量的变化情况来描述太阳辐射强度的年变化特性。太阳辐射日总量主要取决于太阳赤纬角 δ，即太阳光线与地球赤道面的交角，如图 3-1 所示。在一年当中，太阳赤纬角每天都在变化，但不超过 $\pm23°27'$ 的范围，夏天最大变化到夏至日 $+23°27'$，冬天最小变化到冬至日 $-23°27'$，可由 Cooper 方程近似计算，如式（3.9）所示。因此，太阳辐射日总量呈现出明显的季节（月）变化特性，如图 3-1 所示，全年呈单峰型。

$$\delta = 23.45\sin\left[\frac{360}{365}(284 + n)\right] \qquad (3.9)$$

其中，n 代表积日，即一年中从元旦算起的天数，$n = 1$，2，$\cdots$，365（闰年为 366），例如，1 月 5 日，$n = 5$。

[0.271卡/(平方米·天)]

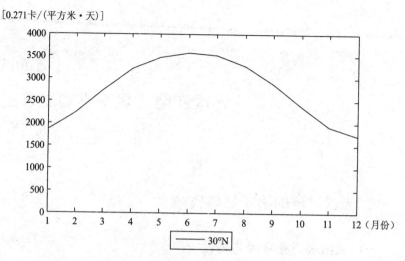

图 3-1 太阳辐射日总量变化情况

2. 太阳辐射强度日变化特性

一日之内太阳辐射强度的变化主要受太阳高度的影响。对于某一地平面来说，太阳高度较低时，光线穿过大气的路程较长，能量衰减得较多，且光线以较小的角度投射到地平面上，所以地平面上接收到的能量较少；反之，地平面上接收到的能量则较多。太阳高度由太阳位于地平面以上的高度角来表征，是指太阳光线与该地作垂直于地心的地表切线的夹角，如图 3-2 所示。

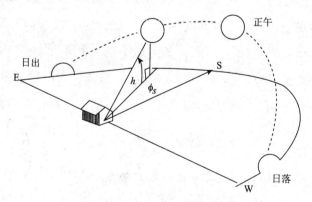

图 3-2 太阳高度角和方位角示意图

太阳高度角 h 的表达式为：

$$\sin h = \sin\varphi\sin\delta + \cos\varphi\cos\delta\cos\omega \qquad (3.10)$$

其中，φ 为纬度，δ 为太阳赤纬角，ω 为太阳时角，正午时为 0，每隔 1 小时变化 15°，上午为正，下午为负，如图 3-2 所示。

由式（3.10）可知，太阳辐射强度正午时最大，早晚较小，夜间为零，晴天情况下大致呈对称的单峰型，如图 3-3 所示。

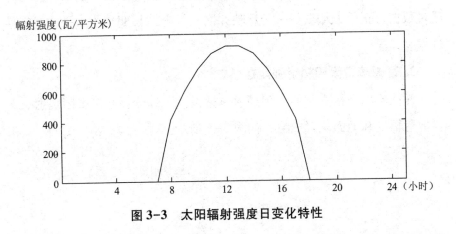

图 3-3　太阳辐射强度日变化特性

（二）不考虑天气因素的太阳辐射强度模型

如果不考虑天气因素的影响，可以比较容易地根据地球的运行规律建立起光伏阵列上太阳辐射强度的序贯小时确定性模型，用来描述太阳辐射强度的年、日变化特性。

1. 光伏电站光资源数据情况

由 QX/T55—2007《地面气象观测规范第 11 部分：辐射观测》和 GB/T《光伏并网电站太阳能资源评估规范》可知，光伏电站一般可获得如下数据或参数：

（1）光伏电站每 10 分或 1 时的平均辐射强度数据，以及气温、风速、风向等实测时间序列数据（连续进行，不少于 1 年）。

（2）光伏电站附近长期监测站的观测数据，有代表性的连续近10年的逐年各月总辐射量、日照时数数据以及建站以来记录到的风速、风向等数据。

（3）根据光伏电站辐射观测资料与同期长期气象站辐射观测资料作相关性计算，确定经验系数，可将验证后的临时观测站辐射数据订正为一套反映并网光伏电站长期平均水平的代表性数据。

可见，规划阶段的光伏电站虽不具备多年的详细数据积累，但可以通过数据订正的方法获得一套反映并网光伏电站长期平均水平的代表性数据。

2. 理想晴空太阳辐射强度建模

光伏阵列上接受到的太阳辐射总量包括三部分：直接太阳辐射、天空散射辐射和地面反射辐射，如图3-4所示。

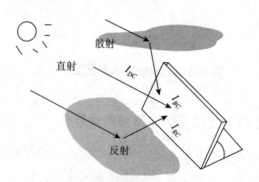

图3-4　太阳辐射总量的组成

太阳光线垂直面上的直射强度 I_B 为：

$$I_B = \left\{ 1160 + 75\sin\left[\frac{360}{365}(n - 275) \right] \right\} e^{-km} \tag{3.11}$$

$$m = \frac{1}{\sin h} \tag{3.12}$$

$$k = 0.174 + 0.035\sin\left[\frac{360}{365}(n - 100)\right] \tag{3.13}$$

其中，n 代表积日，h、m、k 分别表示太阳高度角、大气质量和光学厚度。

倾斜面上的太阳直射强度 I_{BC}、散射强度 I_{DC} 和反射强度 I_{RC} 如式（3.14）至式（3.16）所示。

$$I_{BC} = I_B[\cosh\cos(\varphi_s - \varphi_c)\sin\beta + \sinh\cos\beta] \tag{3.14}$$

$$I_{DC} = CI_B\left(\frac{1 + \cos\beta}{2}\right) \tag{3.15}$$

$$I_{RC} = \rho I_B(\sin\beta + C)\left(\frac{1 - \cos\beta}{2}\right) \tag{3.16}$$

$$C = 0.095 + 0.04\sin\left[\frac{360}{365}(n - 100)\right] \tag{3.17}$$

其中，φ_s 为太阳方位角；φ_c 为光伏阵列方位角，即光伏阵列垂直面与正南方向的夹角（向东为负，向西为正）；β 为光伏阵列的倾角，即光伏阵列与水平面之间的夹角，如图 3-5 所示；C 为散射系数，ρ 为地面反射率。

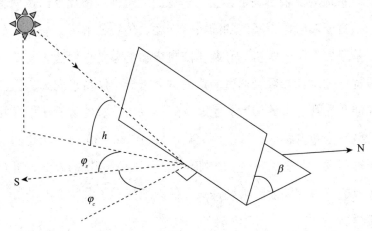

图 3-5　光伏阵列的方位角与倾角

光伏阵列上接收到的总辐射强度 E_S 如式（3.18）所示。

$$E_S = I_{BC} + I_{DC} + I_{RC} \tag{3.18}$$

3. 光伏阵列输出功率模型

光伏阵列的输出功率取决于太阳辐射强度、阵列面积和光电转化效率。对于一个具有 M 个电池组件的光伏阵列，每个组件的面积和光电转换效率分别为 A_m 和 η_m（$m = 1, 2, \cdots, M$），则光伏阵列的输出功率为：

$$P_{solar} = E_S A \eta \tag{3.19}$$

$$A = \sum_{m=1}^{M} A_m \tag{3.20}$$

$$\eta = \frac{\sum_{m=1}^{M} A_m \eta_m}{A} \tag{3.21}$$

其中，A 和 η 分别为电池阵列的总面积和等效光电转换效率。

二、传统解决光伏发电不确定性的方法

电力系统的复杂不确定性主要表现为随机性和模糊性以及两者的多重组合，对于实际电力系统的随机性问题，传统的解决方法可以分为两大类：基于概率论的解析法和基于随机模拟的蒙特卡罗法。传统的解析法是根据已知统计参数，通过一定的数学推导求解待求问题，但实际问题往往涉及非常复杂的函数关系，一般难以用传统的解析法推导并求解有关的概率分布及特征参数。而蒙特卡罗（Monte Carlo）法是基于数理统计原理而发展起来的一种利用随机数进行随机模拟的方法，近几十年来计算机的普及和性能的大幅提高，极大地推动了蒙特卡罗随机模拟的推广使用。

与计算机技术结合的蒙特卡罗随机模拟是将系统中每个随机不确定

性因素的概率参数在计算机上用相应的随机数表示，通过在计算机上对该系统实际情况进行若干时间的仿真和观察，最后估算出所要求的性能指标。它既能解决确定性数学问题，也能求解随机性问题，程序结构简单，适应性强，尤其是收敛速度与问题维数无关，特别适合大规模系统建模的研究。目前，蒙特卡罗随机模拟已经广泛地应用于输电能力评估、负荷预测、可靠性管理等领域。

光伏阵列上的太阳辐射强度因受云层遮蔽等因素的影响，在晴天辐射强度的基础上会有所降低，表现出明显的不确定性。据统计，在一定时段内辐射强度可近似认为服从 Beta 分布，其概率密度函数为：

$$E_S(I) = \frac{\Gamma(\alpha+\beta)}{\Gamma(\alpha)\Gamma(\beta)} \left(\frac{I}{I_c}\right)^{\alpha-1} \left(1-\frac{I}{I_c}\right)^{\beta-1} \tag{3.22}$$

其中，I 和 I_c 分别为这一时间段内的实际辐射强度和最大辐射强度（理想晴空辐射强度）；α 和 β 为 Beta 分布的形状参数；Γ 为 Gamma 函数。

Beta 的数学期望为 $\mu = \frac{\alpha}{\alpha+\beta}$ ，方差为 $\sigma^2 = \frac{\alpha\beta}{(\alpha+\beta)^2(\alpha+\beta+1)}$。因此，$\alpha$ 和 β 可由数学期望 μ 和方差 σ^2 确定，计算公式如下：

$$\alpha = \mu \left[\frac{\mu(1-\mu)}{\sigma^2} - 1 \right] \tag{3.23}$$

$$\beta = (1-\mu) \left[\frac{\mu(1-\mu)}{\sigma^2} - 1 \right] \tag{3.24}$$

对于 Beta 分布来说，α 和 β 的变化将导致 Beta 分布曲线形状的改变。当 $\alpha>1$ 且 $\beta>1$ 时，Beta 的概率分布曲线呈单峰状，在（$\alpha-1$）/（$\alpha+\beta-2$）处达到最大值；当 $\alpha\leq1$ 且 $\beta>1$ 时，Beta 的概率分布曲线是严减函数；当 $\alpha>1$ 且 $\beta\leq1$ 时，Beta 的概率分布曲线是严增函数；当 $\alpha<1$ 且 $\beta<1$ 时，Beta 的概率分布曲线呈 U 形，在（$1-\alpha$）/（$2-\alpha-\beta$）处达到最小值。当 $\alpha=\beta$ 时，Beta 分布是对称的，如当 $\alpha=\beta=1$ 时，Beta 分

布就是（0，1）上的均匀分布；当 $\alpha=\beta=2$ 时，Beta 分布是梯形分布；当 $\alpha=\beta=4$ 时，Beta 分布就是正态分布。当 $\alpha\neq\beta$ 时，Beta 分布是不对称的，当 $\alpha=2$ 且 $\beta=3.4$ 时，Beta 分布就是瑞利分布。

反映并网光伏电站长期平均水平的代表性数据，可根据实际需要，按全年或各月或不同时段分别计算太阳辐射强度的均值 μ 和方差 σ^2，进而确定 Beta 分布的形状参数 α 和 β。当前对于光伏发电的复杂不确定性建模仅仅考虑了其随机不确定性。因此，传统的分析方法，对于光伏发电的复杂不确定性问题，仅能解决其随机不确定性，对于其包含的随机模糊多种多重不确定性无法提供有效的解决手段和准确的评估结果，使得研究工具成为制约解决光伏问题的瓶颈。

对于模糊性问题，虽然已建立了模糊理论这一重要的数学理论和分析方法，并且自创立迄今的 30 多年内获得了理论与应用方面的长足发展，近年来已在经济、医学、气象、环境等大量领域研究中获得了广泛应用，包括模糊识别、模糊综合评判、模糊聚类分析、模糊决策、模糊预测、模糊控制和模糊逻辑与推理等。但是，目前电力系统模糊性以及随机模糊复杂不确定性的研究才刚刚起步，光伏发电的随机模糊复杂不确定性尚缺乏有效的分析方法。因此，面对实际电力系统研究中遇到的复杂不确定性问题，尤其是模糊性与随机性相耦合的多重不确定性问题，如何基于可信性理论利用现代计算机强大的运算能力，建立起便于计算机处理的数学模型，为解决复杂不确定性问题提供新的分析工具，是当前值得深入研究、具有重要应用价值的方向。

三、光伏发电的复杂不确定性建模

为了抓住主要问题，也为了提高方法的计算效率，针对光伏发电的复杂不确定性需要根据不同应用场合分别进行建模，根据运行、规划的需要分别建模如下：

（一）光伏发电运行建模

考虑到干扰因素，如云朵、阴影等，正如前边介绍的传统方法通常采用 Beta 分布 $\beta(a, b)$ 近似表示一定时间段内的辐照度 E_S，参数 a 和 b 为形状参数，一般可由光伏所在地该时间段内的光照强度平均值和方差计算得到，与主观所选时段、测量位置等密切相关。对于给定的光伏发电系统，a 和 b 不是精确数值，而是因时、因景、因地存在一定变化范围的模糊数。所以为了全面描述并网光伏发电运行包含的随机性和模糊性，随机模糊波动的并网光伏发电系统出力 ε_S 的概率密度可表示为：

$$P_{r,s}(\varepsilon_S) = \frac{\Gamma(\xi_a + \xi_b)}{\Gamma(\xi_a)\Gamma(\xi_b)} \left(\frac{\varepsilon_S}{\varepsilon_S^{\max}}\right)^{\xi_a - 1} \left(1 - \frac{\varepsilon_S}{\varepsilon_S^{\max}}\right)^{\xi_b - 1} \tag{3.25}$$

其中，$\varepsilon_S^{\max} = E_S^{\max} A \eta$，$E_S^{\max}$ 为最大辐照度；ξ_a 和 ξ_b 分别为该光伏发电系统太阳辐照度分布的模糊形状参数。

（二）光伏发电规划建模

光伏规划研究主要关注技术进步和成本变化趋势，而技术和成本包含大量的复杂不确定性因素，特别是中长期，由于时间跨度大，涉及因素的不确定程度更高，往往容易错误估计未来来自经济、技术、环境等的复杂不确定性影响。另外，由于所掌握的信息和出发立场存在差异，机构、企业对于未来的判断也不尽相同，例如，对于光伏的装机成本，国际能源署（International Energy Agency，IEA）预计 2020 年单位投资成本相较 2015 年将下降 3%左右（折算后）；欧洲风能协会（The European Wind Energy Association，EWEA）预测 2020 年单位投资成本相较 2015 年将减少约 12%（折算后）；全球风能理事会（Global Wind Energy Council，GWEC）预计，2020 年相较 2015 年单位投资成本将减少 6%左右（折算后）。这些关于同一规划因素发展趋势的不同判断，有些仅存在一定差距，但有些甚至是相反的判断，对于未来特别是中长期，很难判断那些是对那些是错，因此，需要科学地结合不同机构和企业研究给出的信息，全面考量规划关键因素的复杂不确定性，给出其合理的可能发展趋势并应用到中长期电源规划中。

进一步分析影响电源规划因素的不确定性可以发现，有些因素表现为事物各种可能发生结果的不确定性，这种不确定性可以采用概率的方法进行描述，如光伏出力，它往往服从 Beta 分布；另一些因素表现为事物类属的不确定性，需要依赖一定的经验，可以用模糊变量表示，如光伏发电单位装机成本可被看作在某个区间分布。对于涉及的众多复杂不确定性因素，传统的电源规划通常采用情景设置的模式来反映关注因素的不确定性影响，例如设置光伏发电装机成本高中低情景，传统规划依然属于确定型的规划方法，仅考虑了有限因素的有限变化。因此，在光伏发电运行建模基础上，还需要把不同机构和企业有价值的判断放到同一平台下进行统一考量，避免单一判断带来的局限。所以对光伏发电规划涉及的技术进步和成本等因素，需要整合机构或企业的研究判断，构建技术进步、发电成本的三角模糊函数或梯形模糊函数，以取代传统确定值的模式。

（三）光伏外其他复杂不确定性因素的建模

电力系统涉及发、输、配、用多个环节，全面研究电力系统的运行和规划，还将涉及电源、电网、负荷的大量不确定性因素，而这些不确定性因素大多具有随机和模糊双重性。为了抓住主要因素，也为了提高算法的计算效率，这里也将分运行和规划两方面，介绍电源、线路和负荷的复杂不确定性建模。

1. 其他因素运行建模

（1）常规发电机组（包括水电机组、火电机组和核电机组）。

常规发电机组是一个具有两种状态的设备，即具有故障和运行两种状态，依据故障概率服从二点随机分布。然而常规发电机组的可用出力不仅受到备用需要等因素的影响无法精确确定，同时像水电机组这类机组更易受到天气变化等因素的影响，故只能确定一个大致的范围。因此，常规发电机组的运行状态可以表达为服从二点分布的离散型随机模糊变量 ε_G：

$$P_{r,G}(\varepsilon_G) = \begin{cases} 1 - \lambda_G, & \varepsilon_G = \xi_G \\ \lambda_G, & \varepsilon_G = 0 \end{cases} \tag{3.26}$$

其中，$P_{r,G}$ 为对应不同常规发电机组状态的概率；$\varepsilon_G = \xi_G$ 对应于机组正常运行状态，$\varepsilon_G = 0$ 对应于机组故障状态；λ_G 为机组故障概率；ξ_G 为常规机组的模糊可用出力。

（2）输电线路。

输电线路的运行状态也可以根据其强迫停运率看作服从二点随机分布。按照传统理论，在同一地区内、同一电压等级下，线路越长，输电线路的强迫停运率越高。但是实际情况表明：室外输电线路故障的可能性受天气等因素的影响，其强迫停运率是一个因时、因景而变化的模糊数值。同时现有的通过概率统计来修正强迫停运率的方法也难以得到实际应用。所以为了全面描述其中包含的随机性和模糊性，输电线路运行状态的随机模糊变量 ε_B 可表示为：

$$P_{r,B}(\varepsilon_B) = \begin{cases} 1 - \xi_B, & \varepsilon_B = 1 \\ \xi_B, & \varepsilon_B = 0 \end{cases} \tag{3.27}$$

其中，$P_{r,B}$ 为对应不同输电线路状态的概率；$\varepsilon_B = 1$ 对应于输电线路正常运行状态，$\varepsilon_B = 0$ 对应于输电线路停运状态；ξ_B 为采用模糊变量表示的线路强迫停运率。

（3）负荷。

负荷作为电力系统中另一个主要的不确定性因素，传统方法通常假定各节负荷波动服从正态分布来考虑负荷的随机性，即服从 $N(\beta_L, \sigma_L)$。由于σ_L一般是根据具体系统的经验人为给定，使得其往往不是精确数值，因而负荷的波动也同时包含了随机性和模糊性，为此随机模糊波动的节点负荷 ε_L 可表示为：

$$\varepsilon_L \sim N(\beta_L, \xi_L) \tag{3.28}$$

其中，ξ_L 为该负荷分布的模糊方差。

2. 其他因素规划建模

风电的出力通常服从 Weibull 随机分布，Weibull 分布参数又具有一定模糊性，而风电装机成本未来将面临众多的复杂不确定性，可被看作在某个区间分布；生物质发电出力相对稳定，但装机成本变化未来同样面临着多种可能，可被看作在某个区间分布；水电、煤电、气电等常规电源参数由于其技术发展相对稳定，中长期变化较小，一般不再考虑其未来发展的不确定性；电力需求包含两方面的内容，即电量需求和负荷需求，电量需求未来的不确定性很大，需要用模糊变量进行描述，负荷通常具有正态分布的随机性，但其参数往往又具有很强的模糊性；对于补贴、碳税等政策不确定性因素，很难用确切的数字估计未来的变化，故采用模糊数表示成为了最恰当的方式。

| 第五节 |

小结

现实世界充满了各种复杂不确定性，研究全面准确的光伏发电建模，是系统研究光伏发电不确定性的基础。本章基于复杂性科学的研究框架，首先分析了电力系统复杂不确定性的特点，然后介绍了可信性理论的基本概念和随机模糊变量的一般建模方法，最后根据太阳辐射强度年、日变化特点，研究了光伏发电的确定性建模和解决光伏发电不确定性的传统方法，重点针对运行、规划等不同场合，提出了多种光伏发电的复杂不确定性模型。

由于光伏发电的复杂不确定性是客观存在的，通过研究电力系统复杂不确定性的特点和影响、对比光伏发电的不同建模方法可以发现，科学地对光伏发电复杂不确定性进行建模是进行光伏发电研究的首要工作。

| 参考文献 |

［1］Roy Billinton, Ronald N. AllanReliability Evaluation of Power Systems ［M］. Plenum Press, 1984: 483.

［2］Allan R. N., Billinton R., Breipohl A. M., et al. Bibliography on the Application of Probability Methods in Power System Reliability Evaluation ［J］. IEEE Transactions on Power Apparatus & Systems, 1972, PAS-91 （2）: 649-660.

［3］Kaufmann A. Introduction to the Theory of Fuzzy Subsets ［M］. Физматгиз, 1975: 1734.

［4］L. 贝塔兰菲. 一般系统论 ［M］. 北京: 社会科学文献出版社, 1987: 256.

［5］钱学森, 于景元, 戴汝为. 一个科学新领域——开放的复杂巨系统及其方法论 ［J］. 自然杂志, 1990, 12 （1）: 526-532.

［6］Momoh J. A., Ma X. W., Tomsovic K. Overview and Literature Survey of Fuzzy Set Theory in Power Systems ［J］. Power Systems IEEE Transactions on, 1995, 10 （3）: 1676-1690.

［7］Zadeh L. A. Fuzzy Sets as a Basis for a Theory of Possibility ［M］. Elsevier North-Holland, Inc., 1999: 3-28.

［8］Ni M., Mccalley J. D., Vittal V., et al. Software Implementation of Online Risk-Based Security Assessment ［J］. IEEE Power Engineering Review, 2002, 22 （11）: 59.

［9］Liu B., Liu Y. K. Expected Value of Fuzzy Variable and Fuzzy Expected Value Models ［J］. IEEE Transactions on Fuzzy Systems, 2002, 10 （4）: 445-450.

［10］Liu B. Toward Fuzzy Optimization without Mathematical Ambiguity ［J］. Fuzzy Optimization & Decision Making, 2002, 1 （1）: 43-63.

［11］金吾伦，郭元林. 复杂性科学及其演变［J］. 复杂系统与复杂性科学，2004，1（1）：1-5.

［12］吴彤. 复杂性概念研究及其意义［J］. 中国人民大学学报，2004，18（5）：1-9.

［13］Liu B. Uncertainty Theory：An Introduction to Its Axiomatic Foundations［J］. 2004.

［14］Li W. Risk Assessment of Power Systems：Models，Methods，and Applications［M］. Wiley-IEEE Press，2005.

［15］高亚静，周明，李庚银，等. 基于马尔可夫链和故障枚举法的可用输电能力计算［J］. 中国电机工程学报，2006（19）：41-46.

［16］维纳. 控制论［M］. 北京：北京大学出版社，2007：168.

［17］冯永青，吴文传，张伯明，等. 基于可信性理论的输电网短期线路检修计划［J］. 中国电机工程学报，2007（4）：65-71.

［18］Feng Y.，Wu W.，Zhang B.，et al. Power System Operation Risk Assessment Using Credibility Theory［J］. IEEE Transactions on Power Systems，2008，23（3）：1309-1318.

［19］李庚银，高亚静，周明. 可用输电能力评估的序贯蒙特卡罗仿真法［J］. 中国电机工程学报，2008（25）：74-79.

［20］郑雅楠，周明，李庚银. 基于信息熵的可用输电能力枚举评估方法［J］. 电网技术，2011（11）：107-113.

第四章

复杂不确定性光伏发电对输电能力的影响

COMPLEX UNCERTAINTY ANALYSIS AND MODELING OF
PHOTOVOLTAIC POWER SYSTEM
AND ITS APPLICATION

| 第一节 |
传统光伏概率型输电能力评估方法

一、可用输电能力评估

随着电力系统向大规模、区域互联发展，区域间的输电能力，尤其是可用输电能力（Available Transfer Capability，ATC）已成为评估系统区域间安全稳定裕度的重要指标，同时，市场化的推进使得 ATC 不仅是衡量系统安全稳定运行的一个重要技术指标，而且还具有指导交易、引导市场资源优化配置的决策功能。电力系统区域间输电能力评估的研究最早始于 20 世纪 70 年代，至今已有近 50 年的历史。起初它被称为区域功率交换能力（Transmission Interchange Capability，TIC），在当时垂直管制的体制下，TIC 只是系统调度员调度时所参考的一个安全信息，提供系统当前运行状态与各种约束间的距离。从 20 世纪 90 年代开始，全世界掀起了电力改革的热潮。为适应市场化改革的要求，同时保证系统在电力市场环境中的安全可靠运行，1996 年 6 月，北美电力可靠性委员会（North American Electric Reliability Council，NERC）给出了可用输电能力的明确定义：在现有的输电合同基础之上，实际物理输电网络中剩余的、可用于商业使用的传输容量。根据定义 ATC 可以表示为：

$$ATC = TTC - TRM - ETC - CBM \tag{4.1}$$

其中，最大输电能力（Total Transfer Capability，TTC）反映了在满足系统各种安全可靠性要求下，系统能可靠传输的最大输电能力；输电可靠性裕度（Transmission Reliability Margin，TRM）指的是当系统运行参数在合理范围内发生变化时，为确保整个系统能够安全稳定运行而预留的必要的输电能力，它反映了不确定因素对互联系统间输电能力的影响；现有输电协议（Existing Transmission Commitments，ETC）本质上包括在给定条件下所有正常的输电潮流和已有的发输电计划；容量效益裕度（Capability Benefit Margin，CBM）指的是为了能够从其他互联系统中获得电力来满足发电可靠性需求而预留的输电容量裕度，是与 ETC 相关的物理量，反映了为保证 ETC 中不可撤销输电服务顺利执行时系统应当保留的输电能力。

二、传统 ATC 评估方法

ATC 评估需要考虑电力系统发、输、配、用各个环节，与实时运行状况密切相关，相对于根据一个确定的系统状态给出一个确切的 ATC 评估值，考虑系统大量的不确定性因素和不同的运行方式，对系统输电能力进行全面评估更具必要性，能为系统的运行和规划提供更准确和更全面的帮助。而 ATC 全面评估的关键在于如何全面、准确地考虑系统涉及的复杂不确定性因素。

电力系统的负荷波动、设备运行情况变化或故障等不确定性因素在 ATC 评估里用 TRM 概括，目前常用的考虑 TRM 的方法主要有 3 类：①取 TTC 的一个固定百分比，比如 4% 的 TTC，或将设备参数限值降低一定比例以换取 TRM；②采用特定的行为指标，从考虑大量不确定性因素的状态空间筛选出对 ATC 影响大的系统状态，针对这些状态进行评估的状态枚举法；③采用蒙特卡罗方法仿真系统状态，通过大量仿真抽样计算来考虑 TRM。第 1 类方法虽简单快捷，但对于复杂的电力系统难以确定一个合理的比例，计算结果往往是不准确的。第 2 类和第 3 类方法属于概率型 ATC 算法，也是当前对 ATC 评估主要采用的方法。其中，状态枚举法在所选取的状态空间内进行计算，计算精度依赖于所采用的筛选指标和筛选方法，能在计算速度和计算精度间取得较好折中，适用于对时间要求比较苛刻的情况。第 3 类基于蒙特卡罗仿真方法能方便地处理电网中数目庞大的随机不确定性因素，且计算时间不随系统规模或网络连接复杂程度的增加而急剧增加。但是，这两种概率方法都仅能考虑各环节的随机不确定性影响，存在一定的局限性。

三、ATC 枚举法

大型电力系统规模庞大，设备数目众多，受大量不确定性因素的影响，其状态集合十分巨大，如果对所有的状态都加以考虑，处理起来将十分困难，事实上某些运行状况对整个系统 ATC 的影响很小。因此，20 世纪 90 年代，ATC 枚举法被提出，并且已被证实该方法能有效地用于大型电力系统。ATC 枚举法的基本思想是：首先枚举系统受各种不确定性因素影响而存在的可能故障状态集合 Ω，然后根据一定方法对枚举状态进行排序，筛选出对系统 ATC 影响大的筛选状态集合 Ω'，接下来分别模拟计算筛选状态和系统无设备故障状态的 ATC，最后通过分别计算 Ω' 中各故障状态和无设备故障状态的发生概率，计算评估系统的 ATC，获取相应的 ATC 评估指标。ATC 枚举法主要包括状态枚举、状态筛选、模拟计算和综合评估 4 个环节，如图 4-1 所示。这一方法可以节省大量计算时间，提高计算效率，计算精度依赖于所采用的筛选指标和筛选方法，但是由于仅考虑了正常及筛选故障状态，各状态出现的概率之和必然不等于 1，因而肯定会存在一定的偏差。

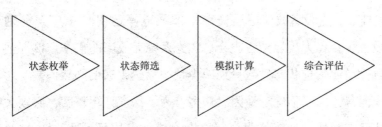

图 4-1　ATC 枚举法的 4 个环节

作为 ATC 枚举法的基础，状态枚举环节需要对系统所有可能的故障状态进行枚举。仿真表明，对于大多数系统，模拟到 2 重故障，其计算精度已经比较准确。当系统含有数目较多的故障率较高的发电机，而且所含的输电线路的故障率又比较低时，对发电机和输电线路的故障分别模拟到 3 重和 1 重即可，这样不仅不会给结果带来较大误差，而且所需计算的状态数和计算时间可大大减少。

状态筛选方法是 ATC 枚举法的关键，直接关系到最后的评估精度，目前常用的方法有：①简单采用截止故障重数的方法进行故障筛选，该方法简单，但随着系统规模的增大，状态数量也会大幅增加，给后续的 ATC 模拟计算带来很大的压力。②使用单一评价指标进行状态的筛选，由于指标具有单一性，往往使得筛选不够全面。虽然近年来多指标综合筛选方法得到了发展，但仍局限于依据主观经验指定各指标权重。

目前，ATC 枚举法的模拟计算环节主要采用的算法有：灵敏度分析法、重复潮流法和连续潮流法等，这些方法均是从系统的电压、电流等约束出发，侧重关注系统的安全性。

综合评估环节采用设备故障停运率计算各筛选状态的发生概率，筛选状态中未包含的故障状态等同于无设备故障状态，具体计算公式如下：

$$\begin{cases} \Gamma_k = \prod_{a_k} \theta_{a_k} \prod_{b_k \neq a_k} (1 - \theta_{b_k}) \\ \Gamma_0 = 1 - \Gamma_k \end{cases} \tag{4.2}$$

其中，θ_x 为设备故障停运概率（即强迫停运率）；a_k、b_k 分别对应故障设备集合和无故障设备集合；Γ_0 为系统无故障的概率。该评估方法只能通过增加筛选状态的数量来减少状态筛选带来的必然偏差，对于大型系统而言，由于不确定性因素众多，为了保证计算精度，必须大幅增加筛选状态数量，计算量也会随之大大增加，从而导致 ATC 枚举法的速度优势丧失。

四、光伏概率型蒙特卡罗 ATC 评估方法

（一）蒙特卡罗模拟基本思想

1777 年，法国科学家蒲丰（Buffon）发表了著名的计算圆周率 π 的投针试验法，这是关于蒙特卡罗随机模拟最早应用的记载。伴随着计算机的普及和性能的大幅提高，目前，蒙特卡罗随机模拟已经获得广泛的应用。蒙特卡罗随机模拟的基本思想是：首先对系统内各个随机不确定性因素的状态进行抽样，构成系统状态 x_M，$P_r(x_M)$ 为与其状态相对应的事件概率，假定 $F_M(x_M)$ 是状态 x_M 的一次试验，试验结果的期望值可由式（4.3）表示：

$$E_M = \sum F_M(x_M) P_r(x_M) \tag{4.3}$$

试验函数 $F_M(x_M)$ 的期望值 $\hat{E}(F_M)$ 可由式（4.4）估计得出：

$$\hat{E}(F_M) = \frac{1}{N_S} \sum_{i=1}^{N_s} F_M(x_{i,M}) \tag{4.4}$$

其中，$\hat{E}(F_M)$ 为试验函数 F_M 期望值的估计值；N_S 为总的抽样次数；$F_M(x_{i,M})$ 为第 i 次抽样值 $x_{i,M}$ 的试验结果。由于 x_M 和 $F_M(x_M)$ 是随机变量，所以 $E(F_M)$ 也是随机变量。估计值 $\hat{E}(F_M)$ 的误差由其估计方差决定：

$$\hat{V}(\hat{E}(F_M)) = \frac{1}{N_S} \sum_{i=1}^{N_s} [F_M(x_{i,M}) - \hat{E}(F_M)]^2 \tag{4.5}$$

定义变异系数 β_M 作为抽样过程收敛的判据，当 β_M 小于给定值时，停止抽样：

$$\beta_M = \frac{\sqrt{\hat{V}[\hat{E}(F_M)]}}{\hat{E}(F_M)} \tag{4.6}$$

将式（4.5）代入式（4.6）有：

$$\beta_M = \frac{\sqrt{\hat{V}(F_M)/N_S}}{\hat{E}(F_M)} \tag{4.7}$$

经整理有：

$$N_S = \frac{\hat{V}(F_M)}{\left[\beta_M \hat{E}(F_M)\right]^2} \tag{4.8}$$

式（4.8）表明，蒙特卡罗随机模拟的抽样次数几乎不受系统规模或复杂程度的影响，其计算量与估计精度的平方成反比，在给定精度下，减少抽样次数的唯一途径就是减小样本方差，因此，该方法非常适用于处理包含大量随机不确定性因素的系统，而研究各种减小方差的技巧是提高蒙特卡罗随机模拟收敛速度的关键。

在中长期输电能力研究中，蒙特卡罗随机模拟可以方便地考虑各种随机不确定性因素的影响，计算量不依赖元件故障的阶数（理论上可以模拟到任意阶），只取决于故障状态发生的概率，与系统规模的增长呈近似线性关系，尤其在严重组合故障数目比较多时更加有效，同时蒙特卡罗随机模拟还具有能够发现一些人们难以预料的事故特别是多重事故及连锁事故的潜力，这些优点使得蒙特卡罗随机模拟成为目前被广泛使用的中长期 ATC 评估方法。相比于国外电网，我国电网的规模比较大，结构比较薄弱，多重严重故障出现的概率也较大，所以在大型电力系统的中长期 ATC 评估中，蒙特卡罗随机模拟更加适用于我国电网的实际情况。

（二）光伏概率型非序贯蒙特卡罗模拟

根据是否考虑系统状态时序性，蒙特卡罗随机模拟可以分为序贯仿真和非序贯仿真两类。序贯仿真法是按照元件寿命满足的概率分布，以及抽样元件状态持续时间，随时钟的推进分析元件的随机不确定性对系统的影响。该方法便于考虑时变因素，由于需要对抽样过程进行计时，导致仿真过程极为复杂，也因此阻碍了其大规模应用。非序贯仿真法是当前中长期 ATC 评估中主要采用的方法，主要思想是通过对设备概率分布函数的抽样，来考虑系统中大量不确定性因素的随机性，进而确定系统的状态。

非序贯蒙特卡罗随机模拟 ATC 评估中，通常采用 Beta 分布 β（a，b）近似表示一定时间段内的太阳辐照度 E_S，通过构建光伏出力模型 $P_S = E_S A \eta$（A 表示光伏电池方阵的总面积；η 为光电转换效率），对太阳辐照度 E_S 进行海量抽样模拟，以考虑光伏发电的不确定性影响。另外，非序贯蒙特卡罗随机模拟 ATC 评估中还需要考虑发电机随机故障、输电线路随机故障、变压器随机故障、变压器分抽头的调节和节点负荷的随机波动。这些因素的随机模拟如下：

发电机是一个具有故障和运行两种状态的设备，其概率分布函数服从二点分布，从 [0，1] 间均匀抽取随机变量 P_G，若 $P_G \leqslant F_{G,FOR}$，则该发电机故障，出力为 0，否则，发电机运行，且出力为额定出力，$F_{G,FOR}$ 为机组的强迫停运率。

变压器除了具有故障和运行两种状态外，还有分接头处于不同挡位的运行状态，所以在处理变压器状态时，首先假设变压器为一个具有两种状态的设备，概率分布函数服从二点分布，然后在状态为运行的变压器中，使其分抽头的调节服从一定的概率分布，具体的分布函数和参数由运行人员的经验给出。

线路同样也是具有两种状态的设备：故障状态和运行状态，其概率分布函数服从二点分布。抽取在 [0，1] 服从均匀分布的随机变量 P_B，若 $P_B \leqslant F_{B,FOR}$，则该线路故障，退出运行，否则，线路运行。

负荷的波动被认为服从正态分布，即 N（β_L，σ_L），参数 β_L 一般为节点负荷的预测值；参数 σ_L 是该分布的均方差，它描述了系统实际负荷偏离预测值的程度，一般根据具体的输电系统给出其经验值。

非序贯仿真法各次抽样间没有关联，抽样过程简单，但仅能考虑涉及的随机不确定性。对于考虑随机和模糊复杂不确定性的 ATC 研究目前仍处于起步阶段，吴杰康等通过引入可信性理论中的模糊随机机会约束规划解决电力市场环境下的 TRM 问题，但建立的模型仍仅将影响输电可靠性的重要因素表述为随机变量，并未真正从随机和模糊双重不确定性的角度进行综合研究。因此如何应用可信性理论的研究成果，构建考虑光伏发电以及其他主要环节复杂不确定性的 ATC 评估方法，已成为分析当前电力系统运行情况亟待解决的问题之一。

基于光伏发电复杂不确定性建模的输电能力评估思路

采用前文建立的常规发电机组、光伏发电系统、输电线路和负荷的随机模糊模型进行 ATC 评估，关键是如何处理这些既包含随机性又具有模糊性的不确定性因素。显然传统的概率方法是无能为力的，并且也无法将这些模型直接转化为确定性等价问题，所以本章引入随机模糊模拟对包含随机和模糊双重不确定性的复杂输电系统进行 ATC 评估：首先根据前面介绍的常规发电机组、光伏发电系统、输电线路和负荷模型模拟系统的各种可能状态，采用重复潮流法计算各状态的 ATC 值，并借助自助法和多核并行运算技术提高处理效率，最后对得到的各种可能的 ATC 情况进行综合评估。具体步骤如下：

第一步：读取常规发电机组、光伏发电系统、输电线路、负荷等系统初始参数数据，形成系统的基本信息，令算子 $e = 0$，抽样次数 $i = 1$。

第二步：从 Θ 中抽取满足 $P_{os}\{\theta_k\} \geq \varepsilon_r$ 的一个 θ_k，分别确定常规发电机组、光伏发电系统、输电线路和负荷的模糊变量值，得到一组模糊抽样向量：$\xi_{i,G}$，$\xi_{i,a}$，$\xi_{i,b}$，$\xi_{i,B}$，$\xi_{i,L}$，其中，ε_r 是一个充分小的正数。

第三步：根据得到的模糊抽样向量 $\xi_{i,G}$，$\xi_{i,a}$，$\xi_{i,b}$，$\xi_{i,B}$，$\xi_{i,L}$ 和对应设备的随机参数确定系统的状态向量 $\varepsilon_G(\xi_{i,G})$，$\varepsilon_S(\xi_{i,a}, \xi_{i,b})$，$\varepsilon_B(\xi_{i,B})$，$\varepsilon_L(\xi_{i,L})$，从而消除常规发电机组、光伏发电系统、输电线路和负荷的模糊性，将随机模糊模型转化为随机模型，然后进行 M 次蒙

特卡罗随机模拟，并采用改进的重复潮流法计算各模拟状态的 *ATC* 值。

第四步：利用自助法对求得的 ATC 值进行重复再抽样，并计算该次循环对应的 ATC 期望值：$E_{pro}\left[\varepsilon_{i,\text{ATC}}\right]$。

第五步：令抽样次数 $i=i+1$，重复第二步至第四步 N 次。

第六步：置 $a=\min_{1\leqslant i\leqslant N}E_{pro}\left[\varepsilon_{i,\text{ATC}}\right]$，$b=\max_{1\leqslant i\leqslant N}E_{pro}\left[\varepsilon_{i,\text{ATC}}\right]$，设循环控制量 $w=1$。

第七步：从区间 $[a,b]$ 中均匀产生 r_w，并计算 $e=e+C_r\{\theta\in\Theta\mid E_{pro}\left[\varepsilon_{i,\text{ATC}}\right]\geqslant r_w\}$。

第八步：令循环控制量 $w=w+1$，重复第七步 N 次。

第九步：计算系统的随机模糊模拟的 ATC 评估指标。

$$E_C=E_{pro\text{-}fuz}\left[\varepsilon_{i,\text{ATC}}\right]=a\vee 0+b\wedge 0+e\times(b-a)/N,\ V_C=E\left[(\varepsilon_{i,\text{ATC}}-E_C)^2\right]$$

基于可信性理论采用随机模糊模拟技术求取区域可用输电能力 E_C 及其方差 V_C 的流程图，如图 4-2 所示，图中 N 为抽样次数，$\wedge$ 为最小化算子，$\vee$ 为最大化算子。

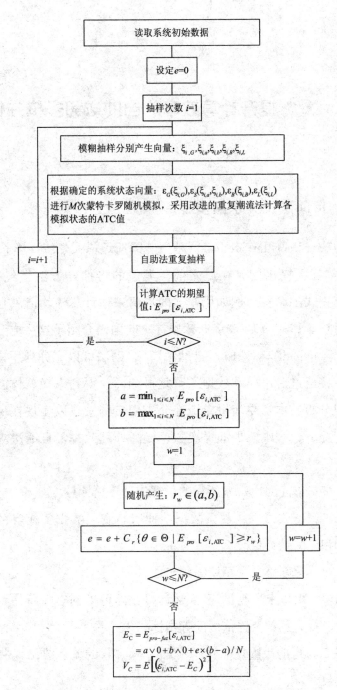

图 4-2　随机模糊模拟的 ATC 评估流程图

| 第三节 |

提升计算效率的自助法和多核并行运算

一、自助法及其求解步骤

自助法（Bootstrap Method）是由美国斯坦福大学统计学教授 Efron 于 1979 年首次提出的，在此之前，类似的再抽样方法已经被应用，但还没有正式的名称，例如用样本的均值来估计总体均值就包含了自助法的思想。1980 年，魏宗舒教授首次向国内介绍了这一方法，并将 "Bootstrap Method" 翻译成 "自助法"。自助法可以充分利用样本自身信息，直接通过对小样本数据的重复再抽样，得到未知总体的未知参数的近似分布。本章在随机模拟部分应用自助法，以实现在保证结果精度的前提下，大幅减少抽样次数，提高处理效率。自助法求解步骤如下：

第一步：首先对由观察所得的数据集计算估计量。

第二步：有放回地从观察数据中抽取与观察数据集相等的样本个数，计算相应的估计量。

第三步：重复第二步至所需的步数 $W-1$。

第四步：由以上所得的 W 个估计量，即可得到实际所需计算估计量的方差、相关系数及置信区间等指标。

图 4-3 为自助法重复抽样计算 $E_{pro}[\varepsilon_{i,ATC}]$ 的流程图，其中 W 为重复抽样次数。

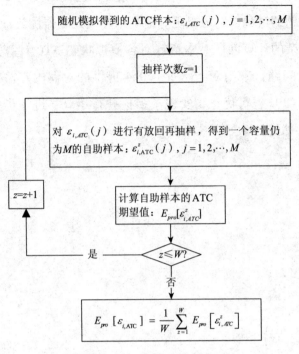

图 4-3　自助法流程图

二、多核并行运算

自处理器诞生以来，人们便一直致力于单核的发展，然而随着人们的计算应用对 CPU 资源的需求远远超过了 CPU 的发展速度，单核也越来越难以满足要求，其局限性也日渐明显。由于通过提高单核 CPU 处理能力来提升计算机系统性能的方法已经达到瓶颈状态，多核处理器便得到了飞速发展，成为当前处理器发展的主流技术之一。IBM 推出的 Power 处理器、惠普的 PA-8800 处理器，以及后来 Intel 和 AMD 在 x86市场上发布的 Dempsey 双核处理器、Woodcrest 处理器、Opteron 处理器等都推动了多核处理器的普及和应用。

随着操作系统和计算软件的不断发展，多核并行运算处理实际问题

101

成为现实。并行运算（Parallel Computing）是指同时使用多种计算资源解决计算问题的过程，它可以更好地利用多核处理器优势，更加快速地解决大型复杂的计算问题。本章针对各模拟状态 ATC 计算这一复杂的非线性优化问题，采用 Matpower 4.0b4 提供的对偶内点法求解，对多核、多线程 CPU 进行优化，实现了多核并行运算，进一步提高了大型系统 ATC 评估的计算处理效率。

│ **第四节** │
输电能力评价指标

本章不仅给出了系统 ATC 情况，反映系统输电裕度，还希望全面分析各种不确定性因素对 ATC 的影响，尤其是光伏发电集中并网的不确定性影响当前电力系统输电能力的程度，因此采用如下评估指标：

（1）ATC 的期望值 E_C，综合反映系统 ATC 水平。

$$E_C = \int_0^\infty C_r\{\theta \in \Theta \mid E[\varepsilon_{\text{ATC}}(\theta)] \geq r\}\, dr$$

$$- \int_{-\infty}^0 C_r\{\theta \in \Theta \mid E[\varepsilon_{\text{ATC}}(\theta)] \leq r\}\, dr \tag{4.9}$$

（2）ATC 的方差 V_C，表示 ATC 波动情况，反映不确定性因素对 ATC 的影响。

$$V_C = E[(\varepsilon_{\text{ATC}} - E_C)^2] \tag{4.10}$$

（3）ATC 的计算耗时 t，能够体现出在相同条件下，ATC 的处理效率。

| 第五节 |
算例分析

本章研究使用 Matlab R2008a 结合 Matpower 4.0b4 潮流计算软件编写仿真程序，其中，首先采用 IEEE30 节点测试系统验证所提方法的合理性和有效性；然后针对西北某两个区域 2020 年网络规划，研究光伏发电大规模集中接入对系统输电能力的影响。

一、与传统随机模拟方法相容性和对比分析的研究

本节研究使用 Lenovo T400（CPU：Core2 Duo 2.26G，Ram：3G）作为计算平台，采用 IEEE30 节点测试系统，使用标幺值（基准容量取 100 兆伏安），测试系统分为 3 个区域，拥有 30 个负荷节点，41 条线路，接线图如图 4-4 所示。本节主要研究区域 2 对区域 3 的可用输电能力，光伏发电系统将接入节点 27，替代该节点原有相同容量常规发电机组，具体参数见表 4-1；随机模糊模拟涉及的抽样参数取 N = 3000，M = 80，W = 10。下面将分别从电源、电网、负荷的角度，研究基于可信性理论的模型和 ATC 评估方法与传统模型和蒙特卡罗随机模拟方法的相容性和对比分析。

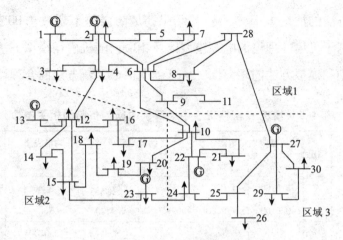

图 4-4   IEEE30 节点系统接线图

表 4-1   光伏发电系统的相关参数

方阵总面积（平方米）	光电转换效率（%）	最大辐照度（瓦/平方米）	a	b
100000	14.00	700	0.95	0.95

（一）电源模型的相容性和对比分析研究

涉及电源模型研究的计算结果如表 4-2 所示，通过分析有以下发现：

第一，考虑随机性的太阳能光伏并网发电后会极大地增加系统输电能力的不确定性，如情况 B 的方差较情况 A 增加了 85.81%，ATC 期望值下降了 10.42%（如表 4-3 所示），如果不考虑光伏发电的随机不确定性对系统输电能力的影响，显然是不合理的。

第二，理论上，当随机模糊变量退化成一个随机变量后，随机模糊模拟就成为蒙特卡罗随机模拟。为了验证随机模糊模拟和蒙特卡罗随机模拟的相容性，本节设定随机模糊变量的模糊性为一个极小的波动范围，则该随机模糊变量近似变为一个随机变量，如情况 C。评估结果表明，情况 C 无论是 ATC 的期望值还是方差，均保持了与采用传统模型和模拟方法的情况 B 基本一致的结果，最高误差不超过 4.00%，从而验证了基于可信性理论的电源模型以及相应的随机模糊模拟方法与传统随机模型和模拟方法的相容性，从基础上保证了新方法的合理性。

表 4-2　情况 A 至情况 J 中电源、电网、负荷的相关参数

方法	情况	常规发电机组		光伏发电系统		输电线路	负荷
		λ_G	ξ_G	ξ_a	ξ_b	ξ_B	ξ_L
Monte Carlo 随机模拟 （10000 次）	A	0.0100	1.0000	None	None	None	None
	B	0.0100	1.0000	0.9500	0.9500	None	None
	C	None	None	None	None	0.0200	None
	D	None	None	None	None	None	0.0200
随机 模糊模拟	E	0.0100	(0.9999, 1.0000, 1.0001)	(0.9499, 0.9500, 0.9501)	(0.9499, 0.9500, 0.9501)	None	None
	F	0.0100	(0.9700, 1.0000, 1.1000)	(0.9200, 0.9500, 0.9600)	(0.9200, 0.9500, 0.9600)	None	None
	G	None	None	None	None	(0.0199, 0.0200, 0.0201)	None
	H	None	None	None	None	(0.0100, 0.0200, 0.0600)	None
	I	None	None	None	None	None	(0.0199, 0.0200, 0.0201)
	J	None	None	None	None	None	(0.0100, 0.0200, 0.0600)

注："None" 表示没有波动。

表 4-3　情况 A、情况 B、情况 E、情况 F 的计算结果

情况	E_{ATC}（兆瓦）	V_{ATC}（兆瓦平方）
A	11.6899	6.7384
B	10.4721	12.5209
E	10.4004	12.0447
F	8.9940	27.5669
情况 E 与情况 B 的绝对偏差（%）	0.6847	3.8032

第三，当同时考虑常规电源和并网光伏发电的随机性和模糊性后，系统输电能力的不确定性大幅增加，如情况 F 较情况 B，系统 ATC 期望值下降了 14.11%，而反映 ATC 波动情况的方差指标增加了120.17%，因而常规电源和并网光伏的模糊性对系统输电能力的影响是不容忽视的，必须同随机性一起在应用中加以考虑，才能更加准确地评估区域间的可用输电能力水平，也验证了新电源模型以及相应随机模糊模拟方法的有效性。

（二）电网模型的相容性和对比分析研究

涉及输电线路模型研究的计算结果如表 4-4 所示，通过分析可以发现：①线路模型以及相应的随机模糊模拟方法与传统随机模型和蒙特卡罗随机模拟的相容性同样得到了验证，如情况 G 的 ATC 期望值和方差均保持了与情况 C 基本一致的结果，两者的误差未超过 4%；②当将线路的随机性和模糊性同时被考虑后，系统输电能力的不确定性同样出现了大幅增加，如情况 H 较情况 C，ATC 期望值下降了 2.06%，方差增加了 42.49%。因此，验证了基于可信性理论的线路随机模糊综合建模和随机模糊模拟方法的合理性与有效性。

表 4-4　情况 C、情况 G、情况 H 的计算结果

情况	E_{ATC}（兆瓦）	V_{ATC}（兆瓦平方）
C	11.6335	66.6320
G	12.0758	66.7854
H	11.3941	94.9417
情况 G 与情况 C 的绝对偏差（%）	3.8020	0.2302

（三）负荷模型的相容性和对比分析研究

涉及负荷模型研究的计算结果如表 4-5 所示，通过分析可以发现：①通过情况 D 和情况 I 计算结果的对比，验证了负荷模型以及相应的随机模糊模拟方法与传统随机模型和蒙特卡罗随机模拟的相容性，因而，新负荷模型和模拟方法的合理性得到了验证；②通过情况 D 与情况 J 计算结果的对比，同时考虑负荷的随机性和模糊性后，系统 ATC 方差指标增加了 50.30%，新的负荷模型和模拟方法的有效性同样得到了验证。

表 4-5　情况 D、情况 I、情况 J 的计算结果

情况	E_{ATC}（兆瓦）	V_{ATC}（兆瓦平方）
D	12.1355	89.3714
I	12.3921	89.3520
J	12.9629	134.3284
情况 I 与情况 D 的绝对偏差（%）	2.1145	0.0217

（四）算法效率的对比研究

综合考虑常规发电机组、光伏发电系统、输电线路和负荷的随机模糊不确定性，对比研究随机模糊模拟不同处理方式的效率问题，包括采用 Bootstrap 重复抽样的双核并行处理、无 Bootstrap 重复抽样的双核并

行处理，采用 Bootstrap 重复抽样的单核处理（CPU：Core2 Duo 2.26G 单核运行）和无 Bootstrap 重复抽样的单核处理，各情况采用的方式如表 4-6 所示，其中 N = 100，采用 Bootstrap 重复抽样时 M = 80，W = 10；无 Bootstrap 重复抽样时 M = 800，W = 0。

表 4-6 情况 K 至情况 N 采用的计算处理方式

情况	自助法	多核并行运算
K	√	√
L	×	√
M	√	×
N	×	×

注：①"√"表示采用该方法，"×"表示不采用该方法。②如果采用自助法，取 M = 80，W = 10；否则取 M = 800，W = 0。

通过图 4-5 的对比研究发现：自助法可以大幅提高处理效率；而多核并行运算也能在一定程度上提高计算速度，但并行处理的效率仍不太高。虽然有自助法和并行运算的帮助，但是由于计算平台处理效率存在局限性，计算耗时仍有些过长。其中计算耗时主要集中在最优潮流计算中，因此如何改进最优潮流计算，以及进一步优化多核并行运算效率是今后研究工作的重点之一。

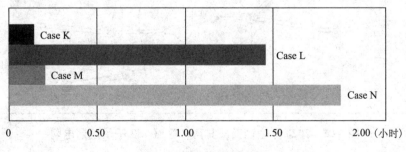

图 4-5 计算耗时对比

二、光伏发电集中接入对西北某地区规划电网影响的研究

我国地域辽阔，西部地区蕴藏着巨大的太阳能光伏、风电等可再生能源，而电力负荷却主要集中在东南部沿海和中部地区，因此，发展互联电网，研究大规模可再生能源并网对跨区输电的影响具有重要的现实意义。本节研究使用 Lenovo ThinkCertre M6300t（CPU：Core i3 3.30G，Ram：2G）作为计算平台，研究 2020 年西北某两个区域 750 千伏规划电网间的输电能力，该电网拥有 17 个节点，33 条线路，接线图如图 4-6 所示，将主要评估区域 1 对区域 2 的可用输电能力，采用标幺值（基准容量取 1000 兆伏安），随机模糊模拟涉及的抽样参数取 N = 3000，M = 80，W = 10。其中区域 1 的格尔木地区作为戈壁上的"光伏城"，预计到 2020 年光伏发电装机规模将达到 9033 兆瓦，本节将研究不同容量光伏发电系统接入格尔木地区对跨区输电能力的影响。

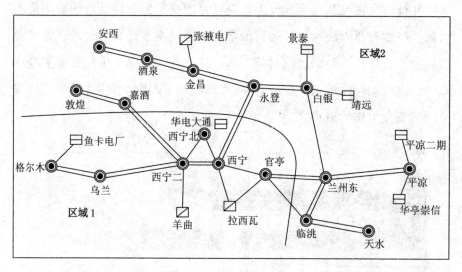

图 4-6 2020 年中国西部某两个区域 750 千伏规划电网

评估结果如图 4-7 所示，通过分析可以发现：同时考虑系统的随机性和模糊性后，区域 1 至区域 2 的 ATC 水平较仅考虑随机性的蒙特卡罗模拟有较大的削减，这就表明，如果仍然沿用传统的评估方法，系统的 ATC 将会被过高估计，这可能将直接影响系统的稳定运行。同时我们还发现，随着在格尔木地区光伏发电装机比重的提升，区域 1 到区域 2 的 ATC 将受到极大影响，例如，光伏发电装机容量从 3000 兆瓦提升到 9000 兆瓦后，系统 ATC 被削减了 39.90%。因此，对于系统接入大型光伏发电，必须充分研究其随机和模糊的不确定性影响，限制集中接入规模，研究相应的辅助服务等配套举措，否则会极大地降低系统的输电能力水平，甚至严重影响系统的稳定运行。

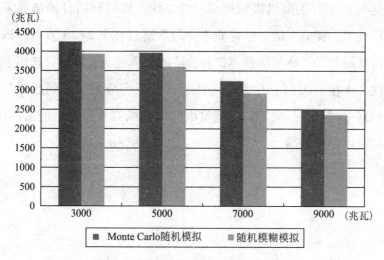

图 4-7　蒙特卡罗随机模拟与随机模糊模拟计算结果

| 第六节 |

小结

　　利用光伏发电复杂不确定性运行模型，分析光伏出力不确定性对系统输电能力的影响，是电力系统运行研究的一项重要工作。

　　本章首先分析了传统枚举法、蒙特卡罗随机模拟等 ATC 评估方法，然后利用建立的常规电源、光伏发电系统、电网、负荷的随机模糊模型，提出了 ATC 的随机模糊模拟评估方法，同时利用自助法和多核并行运算技术，提高了运算处理效率，最后通过在 IEEE30 节点测试系统中的仿真研究，验证了所提模型和算法的合理性与有效性，指出系统的模糊性必须在 ATC 评估中加以考虑；并将研究成果应用到西北某两个区域规划电网中，研究不同光伏发电并网规模对系统输电能力的影响，为实际应用提供指导。

参考文献

［1］Landgren G. L., Terhune H. L., Angel R. K. Transmission Interchange Capability - Analysis by Computer ［J］. IEEE Transactions on Power Apparatus & Systems, 1972, PAS-91 (6): 2405-2414.

［2］Allan R. N., Billinton R., Breipohl A. M., et al. Bibliography on the Application of Probability Methods in Power System Reliability Evaluation ［J］. IEEE Transactions on Power Apparatus & Systems, 1972, PAS-91 (2): 649-660.

［3］Momoh J. A., Ma X. W., Tomsovic K. Overview and Literature Survey of Fuzzy Set Theory in Power Systems ［J］. Power Systems IEEE Transactions on, 1995, 10 (3): 1676-1690.

［4］Reliability E. Available Transfer Capability Definitions and Determination ［J］. 1996.

［5］Xia F., Meliopoulos A. P. S. A Methodology for Probabilistic Simultaneous Transfer Capability Analysis ［J］. Power Systems IEEE Transactions on, 1996, 11 (3): 1269-1278.

［6］Mello J. C. O., Melo A. C. G., Granville S. Simultaneous Transfer Capability Assessment by Combining Interior Point Methods and Monte Carlo Simulation ［J］. IEEE Transactions on Power Systems, 1997, 12 (2): 736-742.

［7］Sauer P. W. Alternatives for Calculating Transmission Reliability Margin (TRM) in Available Transfer Capability (ATC) ［C］. 1998.

［8］李国庆, 董存. 电力市场下区域间输电能力的定义和计算 ［J］. 电力系统自动化, 2001 (5): 6-9.

［9］李国庆, 王成山, 余贻鑫. 大型互联电力系统区域间功率交换能力研究综述 ［J］. 中国电机工程学报, 2001 (4): 21-26.

［10］Ou Y., Singh C. Assessment of Available Transfer Capability and Margins

[J]. IEEE Power Engineering Review, 2002, 22 (5): 69.

[11] Silva A. M. L. D., Manso L. A. D. F., Mello J. C. D. O., et al. Pseudo-chronological Simulation for Composite Reliability Analysis with Time Varying Loads [J]. IEEE Transactions on Power Systems, 2002, 15 (1): 73-80.

[12] Ni M., Mccalley J. D., Vittal V., et al. Software Implementation of On-line Risk-Based Security Assessment [J]. IEEE Power Engineering Review, 2002, 22 (11): 59.

[13] Liu Y. K., Liu B. Expected Value Operator of Random Fuzzy Variable and Random Fuzzy Expected Value Models [M]. World Scientific Publishing Co., Inc., 2003: 195-215.

[14] 哈莫德·夏班, 刘皓明, 李卫星, 等. 静态安全约束下基于 Benders 分解算法的可用传输容量计算 [J]. 中国电机工程学报, 2003 (8): 8-12.

[15] Li W. Risk Assessment of Power Systems: Models, Methods, and Applications [M]. Wiley-IEEE Press, 2005.

[16] Liu B. A Survey of Credibility Theory [J]. Fuzzy Optimization & Decision Making, 2006, 5 (4): 387-408.

[17] Silva A. M. L. D., Anders G. J., Manso L. A. D. F., et al. Transmission Capacity: Availability, Maximum Transfer, and Reliability [J]. IEEE Power Engineering Review, 2007, 22 (7): 55.

[18] 周伟明. 多核计算与程序设计 [M]. 武汉: 华中科技大学出版社, 2009: 656.

[19] 王敏, 丁明. 含大型太阳能发电系统的极限传输容量概率计算 [J]. 电力系统自动化, 2010 (7): 31-35.

[20] Johnson R. W. An Introduction to the Bootstrap [J]. Teaching Statistics, 2010, 23 (2): 49-54.

[21] 周景宏, 胡兆光, 田建伟, 等. 基于发电系统可靠性分析的能效电厂有效容量确定 [J]. 电力系统自动化, 2011 (8): 44-48.

第五章

复杂不确定性光伏发电有效消纳的研究

COMPLEX UNCERTAINTY ANALYSIS AND MODELING OF
PHOTOVOLTAIC POWER SYSTEM
AND ITS APPLICATION

｜第一节｜
中国光伏发电发展面临的问题和原因分析

一、中国光伏发电发展现状

自 2013 年《国务院关于促进光伏产业健康发展的若干意见》（国发〔2013〕24 号）发布以来，我国太阳能发电产业得到快速发展，自 2013 年开始成为全球最大的新增光伏应用市场。2015 年全国光伏发电新增装机容量创历史新高，达到 1513 万千瓦，累计并网装机容量达到 4318 万千瓦。其中，大型光伏电站累计并网装机容量 3712 万千瓦，发展迅速；分布式光伏电站累计并网装机容量 606 万千瓦，发展相对缓慢。2015 年全国光伏发电量达到 392 亿千瓦时，其中，集中式光伏发电量 363 亿千瓦时，分布式光伏发电量 29 亿千瓦时。目前，我国集中式光伏电站仍然占据主导地位，基本形成西北部地区大型并网光伏电站集中开发和中东部地区分布式光伏发电系统分布开发的发展格局。

二、中国光伏发电面临的问题

我国光伏发电发展面临的问题主要有以下几个方面：

（一）弃光限电加剧

随着我国光伏产业的迅速发展，光伏与电网建设、电力调度，以及电力规划出现了新的矛盾，随着电力需求的下降以及调节灵活性不足，弃光限电问题日益突出。2015 年全国弃光电量约 46 亿千瓦时，弃光率 11%，主要发生在甘肃、新疆、宁夏和青海四个省区，其全年平均弃光率分别为 31%、26%、7% 和 3%。

（二）土地资源制约问题突出

我国中东部地区的土地开发利用率高，未利用土地少，很大程度上限制了光伏项目的开发，光伏项目在中东部受土地约束严重，没有规模发展空间。西部地区幅员辽阔，未利用土地多，不存在对光伏等可再生能源项目的土地限制性问题，但由于近年来西部地区弃光限电问题严重，光伏等可再生能源项目的开发利用受到严重影响，发展缺乏动力。

（三）补贴拖欠严重

光伏等可再生能源补贴资金发放滞后，给光伏发电企业带来了严重的资金压力，部分光伏发电企业出现了资金周转困难和亏损等问题。到 2015 年底，我国可再生能源电价补贴累计资金缺口约 400 亿元，补贴资金拖欠问题已对光伏等可再生能源发电全产业链造成影响。如果政策不做调整，随着可再生能源发电规模的快速增长，按照现有的补贴制度，预计"十三五"期间我国可再生能源的补贴资金缺口将继续扩大。

（四）发电经济性仍不足

我国光伏发电还处于成长阶段，开发利用成本仍然较高，比如光伏发电电价经过几次调整，从最初的 1.15 元/千瓦时降低至 0.80~0.98 元/千瓦时，在不考虑环境外部性成本的情况下，远比各省（区、市）的 0.25~0.45 元/千瓦时的燃煤脱硫标杆电价要高出很多，光伏发电上网价格是煤电平均上网价格的 2.5 倍左右。此外，与光伏等可再生能源相关的智能电网、储能技术还不成熟，成本更高。

三、中国光伏发电面临问题的主要原因分析

（一）系统调节灵活性不足是关键制约

伴随近 10 年来技术的快速发展，以光伏为代表的非化石能源发电并网装机容量呈现爆发式增长，光伏发电"十二五"期间年均增速达到 142.1%。光伏出力具有波动性和间歇性的特点，使得光伏发电具有较强的不确定性，需要依赖系统的调节能力保证其有效利用，特别是大规模光伏集中接入电力系统后，对系统机组的调峰潜力、爬坡能力和启停时间等关键指标均提出了更高的需求。从技术角度看，国内纯凝煤电机组设定的调峰能力最大只能达到其额定装机容量的 50%，热电联产机组受到以热定电影响，可调节容量更小，而且多以 300 兆瓦及以下机组参与电网调峰；从体制角度看，在煤电发电量计划制度下，必须保证煤电机组一定利用小时数。

因此，一方面，对于光伏并网发展速度的估计不足，造成相关电源、电网配套规划相对滞后；另一方面，有限的机组调节空间和受限的发电计划机制使得电力系统的调节灵活性明显不足，导致各地区弃光限电问题不断恶化，不仅影响光伏等可再生能源健康发展，更影响减排目标的实现。

（二）装机容量过剩是主要成因

2000 年以来，由于对未来经济发展、技术进步等的不确定性估计不足，我国电力供应过剩与紧张频繁交替发生。特别是进入"十二五"时期后，支撑我国经济高速增长的要素条件与市场环境发生了明显改变，经济面临较大的下行压力。2011—2015 年，国内生产总值年均增长 7.8%，由高速增长转为中高速增长。分年度看，2011 年增长 9.5%，2012 年、2013 年年均增长 7.7%，2014 年增长 7.3%，2015 年增

长 6.9%。

随着经济进入新常态，各省（区、市）电力需求出现较大变化，不确定性大大增加。2011—2015 年，全国全社会用电量年均增速为 5.7%，呈现逐年放缓态势。但新增装机规模不断创历史新高，2011—2015 年全国装机容量分别为 105576 万千瓦、114491 万千瓦、124738 万千瓦、135795 万千瓦和 150673 万千瓦，年均增速高达 9.4%，使得全国多数地区均呈现严重的电力供大于求的局面。装机容量过剩导致近年来全国电力供需比（总装机容量/最大负荷）不断上升，如图 5-1 所示，2011 年供需比为 1.65，2015 年快速增长至 1.89；同时使发电设备利用小时数大幅下降，2011—2015 年，全国 6000 千瓦及以上电厂发电设备平均利用小时数分别为 4731 小时、4572 小时、4511 小时、4286 小时和 3969 小时，特别是东北、西北电力富余程度不断加剧。全社会用电需求的放缓以及各类装机的争相上马导致装机容量严重过剩，特别是煤电等常规能源仍然保持较快增长，使得常规能源对光伏等可再生能源电力的挤出效应明显，这是造成我国当前弃光现象不断加重的主要原因之一。

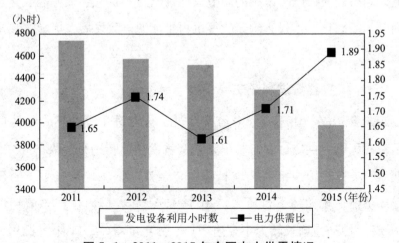

图 5-1 2011—2015 年全国电力供需情况

（三）风光发展模式单一是重要瓶颈

我国的发电资源与电力负荷呈现明显的逆向分布，太阳能资源主要分布在西北地区，因此，光伏主要以大型基地集中开发为主。然而受经济发展水平制约，太阳能资源集中地区电力需求往往不足，需要依赖外送通道进行消纳。从技术角度讲，一方面，其受到电力系统稳定性约束，电力以就近利用最为高效经济；另一方面，伴随产业结构调整带来的负荷峰谷差不断增大，大型电力系统不能灵活跟踪负荷变化的问题不断显现，电网的负荷率逐年下降，发输电设施的利用率也呈现下降的趋势。因此，利用风能、太阳能、燃气等多种能源的互补性，构建发电资源的就近使用为主、跨区利用为辅的电网格局，实现光伏的集中使用与分散利用并重，不仅能可靠经济地满足用户的电力需求，还可以促进更多光伏发电的有效利用，在社会效益和经济效益两方面取得双赢。因此，在其他地区电力需求增长不旺和外送通道有限的背景下，可再生能源主要依靠集中开发和跨省、跨区利用的发展模式显然不再适应当前能源供需形势。

目前，电力系统主要依靠传统电源提供调节资源，来解决光伏发电大规模接入带来的不确定特性，不仅造成系统资源的浪费，而且部分地区在系统调峰困难时段还会出现光伏发电限电、弃电现象。因此，挖掘电力系统更多调节资源服务于光伏发电，提高已有系统光伏发电的消纳潜力，将是一个具有重要现实价值的课题。

| 第二节 |
传统电力调节资源

一、火电机组调峰辅助服务分析

根据《并网发电厂辅助服务管理暂行办法》，各省（区、市）火电机组调峰包括基本调峰服务和有偿调峰服务，且对有偿调峰服务按照规则进行补偿。

（一）火电机组基本调峰

火电机组调峰成本比较明确。以深度调峰为例，此时燃烧效率较低，甚至有可能低于锅炉的最低稳定燃烧极限，需要采取投油等措施提高燃烧效率，因此火电调峰的成本主要由参与调峰的固定成本分摊和投油措施带来的机会成本组成；而基本调峰服务与有偿调峰服务通常以最低稳定燃烧极限容量为分界线。这条分界线可以通过一个固定比例来确定，通常是40%或者50%；也可以根据实施区域内火电的总体情况，通过某种加权平均来动态确定。

我国各地区电监局对非供热燃煤机组的基本调峰范围的规定有一定差别。华北地区和南方地区《实施细则》规定："火电机组基本调峰范围是指50%~100%额定容量的范围。"而华东地区《实施细则》规定，"华东网调，上海、江苏、浙江、安徽、福建省（市）调度管辖的火电机组基本调峰范围分别为43%、53%、41%、41%、43%、35%额定容量。"东北地区的火电机组基本调峰范围为60%~100%额定容量，西北地区的火电机组基本调峰范围为 70%～100% 额定容量，华中地区的火电机组基本调峰范围为规定的最小技术出力到额定容量。对于燃气机组，西北地区《实施细则》规定，"燃气机组日平均功率曲线正负 15% 范围内的出力调整，视为基本调峰。"

（二）火电机组有偿调峰

我国各地区电监局《实施细则》对有偿调峰范围的规定均相同，是指发电机组超过基本调峰规定的范围进行深度调峰以及火电机组按调度机构要求在 24 小时内进行启停调峰所提供的服务。

对于有偿调峰服务的补偿，各《实施细则》均规定，按照因提供深度调峰比基本调峰少发的电量，依据一定的费率进行补偿。以西北地区为例，少发电量的具体计算公式为：

$$W = \int_{K_B P_N > P} (K_B P_N - P)\, \mathrm{d}t \tag{5.1}$$

其中，K_B 为基本调峰系数，西北区域为 70%；P_N 为机组装机容量；P 为机组实际有功出力。由于各区域的机组构成不同，上网电价也有所区别，因此各地的有偿调峰补偿费率并不一致。其中，东北地区最高，为 0.3 元/千瓦时；华中地区为 0.2 元/千瓦时；西北地区为 0.1 元/千瓦时；华北地区和华东地区相同，均为 0.05 元/千瓦时；南方电网区域内各省补偿费率不同，为 0.0180～0.1656 元/千瓦时不等。

对于常规燃煤发电机组按电力调度指令要求在 24 小时内完成启停机（炉）进行的调峰服务，每台次按启停间隔时间和机组容量大小给予补偿。例如，西北地区规定，启停调峰按装机容量补偿 1.6 元/千瓦。

我国已逐步完成煤电机组的"上大压小"，以增加大容量机组的比例，尽量淘汰那些煤耗高、污染严重的小机组。目前，全国小容量煤电机组数量大幅减少，从技术层面来看，为光伏发电调峰的机组大部分将是常规大型煤电机组、燃气机组以及水电（含抽水蓄能）机组。但考虑到目前的行政分配电量政策以及水电的不确定性，光伏发电调峰服务仍面临巨大缺口。

二、水电机组调峰辅助服务分析

水电机组由于具有调节范围大、调节速率快、调节费用低、能较好地适应负荷迅速变化等优点，在电力系统调峰中通常被优先考虑和调用。例如，非汛期的西北电网调峰任务几乎全部由水电机组承担，有力保障了网内火电厂与光伏发电厂的电量利益。然而，长期以来，弃光严重的西北区域一直没有采取切实有效的措施对水电机组的调峰成本进行补偿。2008 年，西北电监局发布的《实施细则》规定，"水电机组提供 0~100%额定容量的基本调峰"，即水电机组提供的调峰服务均属于基本调峰服务，不提供补偿。当前，市场机制的形成使得人们必须考虑对水电机组调峰成本的合理补偿问题，相应地，在 2011 年 12 月西北电监局发布的修订版《实施细则》中对水电调峰政策进行了修改，规定了"水电机组基本调峰幅度参照火电机组确定，即在水电机组日平均功率曲线正负 15%范围内的出力调整，视为基本调峰"；"水电机组有偿调峰幅度与火电机组等比例计算，即超出水电机组日平均功率曲线正负 15%的部分，视为有偿调峰"。

（一）水电调峰成本分析

一般而言，机组提供调峰服务的成本主要包括：①固定成本。主要包括机组因参与调峰而导致的机械损失和机组调峰过程中需要的各种行为费用。②机会成本。指机组因承担调峰服务而少发电量导致的利润损失。水电机组调峰的固定成本主要是调峰过程中频繁调整出力引起的机械损失，包括机组的振动加大、转轴磨损加重等。这部分费用一般在机组的折旧成本中已经有所考虑。因此，水电调峰的成本主要应考虑其调节过程中的机会成本。

水电调峰的机会成本又包含两部分：一部分是由于系统备用容量原因，不能按最大可发出力发电而带来的弃水损失，归为备用机会成本；另一部分是由于实际调度中常常要求水电机组频繁加减出力以提供调峰服务造成的机会成本。可以认为，水电机组全天出力围绕日平均出力波动，参照日平均出力可以得到机组的调峰电量，故选取日平均出力作为基准。经常参与调峰任务的大型水电机组出力波动幅度较大，且大部分时段只能达到额定容量的 40%~60%。给定时段内，以水电机组平均出力为基准，向下调峰（减载备用）时因耗水率增大而损失的水量必然大于向上调峰（加载备用）时因耗水率减小而节约的水量。这部分水量本有机会发电获利，但却由于调峰而丧失获利机会，是调峰的机会水量。将这部分水量转换为发电利润，即是调峰的机会成本。

需要明确的是，水电机组提供备用服务和调峰服务的机会成本是完全不同的。前者的机会成本主要是其因预留备用容量而造成水量损失（空耗水量）所致的利润减少；后者的机会成本主要是由于水电机组出力变化引起耗水率变化，进而使发电量减少所致的利润损失。可见，前者主要是由于压低出力的容量损失，而后者主要是由于频繁调整的效率损失。

（二）水电调峰服务补偿

通过上文分析可知，水电机组提供调峰服务存在成本，且主要表现为机会成本。其中，备用服务机会成本通常以按照 2001 年原国家电力公司下发的《水电厂调峰弃水损失电量计算办法》计算得到的水电调峰损失电量作为指标来补偿水电备用容量。调峰服务机会成本是机组出力频繁调整时，因耗水率变化而导致机组效率损失产生的。当水电机组向上调峰时，机组耗水率减小、效率提高，水电企业从中获利，不需再计及调峰成本并对其进行补偿；同时，水电机组遵从调度指令进行调节，不属于违规获利，也不应对其进行考核。当水电机组向下调峰时，由于耗水率增加导致水电企业利益受损，需要计及调峰成本并对其进行补偿。在水电有偿调峰补偿费率方面，西北地区辅助服务《实施细则》规定为 0.025 元/千瓦时；提供启停调峰的水电机组，机组启停调峰一次补偿 500 元。

| 第三节 |
需求侧管理电力调节资源

一、电力需求侧管理

电力需求侧管理（Demand Side Management，DSM）是指在政府法规和政策的支持下，采取有效的激励和引导措施，通过发电公司、电网公司、能源服务公司、社会中介组织、产品供应商、电力用户等共同协作，提高终端用电效率和改变用电方式，在满足同样用电功能的同时达到减少电量消耗和电力需求的目的。对社会而言，实施 DSM 可以减少一次能源的消耗与污染物的排放，缓解环境压力；对政府而言，实施 DSM 可以合理配置电力资源，促进经济的协调发展，还可以促进高能效设备的普及使用，降低单位 GDP 能耗；对电力客户而言，实施 DSM 可以降低电力消耗，减少电费支出；对电网公司而言，实施 DSM 可以减少高峰负荷，缓解电力供应紧张的形势，保证电网安全、经济运行，减少和延缓电网建设的投资。因此，DSM 是可以提供低成本能源服务、实现更大的社会效益、使各方受益的有效举措。

DSM 自 20 世纪 70 年代被提出以来，在国际上得到了大力地推行和快速的发展，将需求侧节约能源作为供应侧替代资源的理念不断深入人心。特别是智能电网的高速发展、智能用电采集的大范围普及，都为 DSM 的实施创造了条件，DSM 已成为国家能源战略的重要组成部分。2011 年，国家发改委、工信部、财政部等六部门制定的《电力需求侧管理办法》开始实施；2012 年，国家财政部、发改委联合发布了《财政部国家发展改革委关于开展电力需求侧管理城市综合试点工作的通知》，确定了首批试点城市。然而，DSM 项目也具有量大面广、较为分散的特点，尤其是一些小项目不易运作，其效益很难独立测算，已成为DSM 实施和发挥作用的重要阻碍。随着 DSM 的发展，作为其理论延伸的能效电厂概念被提出，为更好地实施电力需求侧管理提供了一条有效而直观的途径。

二、能效电厂

能效电厂（Efficiency Power Plant，EPP）是指通过采用高效用电设备和产品、优化用电方式等途径，形成某个地区、行业或企业节电改造计划的一揽子行动方案，将减少的需求视同"虚拟电厂"提供的电力电量，达到与建新电厂相同的目的，实现能源节约和污染物减排。能效电厂的概念通过对大量分散 DSM 项目的打包整体处理，形象地描绘了DSM 项目的作用，便于电力供应侧资源和需求侧资源的选择与比较，使得具有成本优势的 DSM 项目更容易被推广实施。

能效电厂通过技术手段实现电力电量的节约，节约的电能等同于一座常规电厂所发出的电能，因此能效电厂和常规电厂是两个概念。常规电厂是生产电能的企业，而能效电厂则是节约电能的手段。但可将能效电厂看作一种虚拟电厂，提供的电力电量相当于其节约的电力电量。为了同常规电厂提供的电能相区别，能效电厂提供的电能一般被称为"负电能"。这是能效电厂作为需方资源同供方资源的相同之处，即都是"提供"电能；而其同供方资源不同之处在于，供方资源可以通过电力系统的测量表计随时测量其提供的电能，而能效电厂"提供"的电能实质上是由节约产生的，在本质上是很难直接测量的，只能通过能效电厂项目实施前后的对比进行测算。能效电厂虽然是虚拟电厂，但在满足电力供需平衡工作中，却和供方资源有着同等的重要性，是实现节能减排的有效而直观的途径。

　　能效电厂具有以下优势：①建设周期短、零排放、零污染、供电成本低、响应速度快、不占用土地资源；②有利于将需求侧资源整合纳入电力规划，更全面优化配置能源资源，减少能源消耗；③降低高峰负荷，提高负荷率，从而提高整个系统的可靠性、稳定性和安全性；④规模效益明显，组织管理更加科学，可以降低能效项目运作的风险，有利于吸引外部资金。表5-1给出了常规电厂与能效电厂每发（或者节约）一度电的燃料消耗、污染物排放情况及成本比较。其中，常规电厂是一家装机容量为30万千瓦的典型燃煤电厂，年利用小时数约5000小时。

表5-1　常规电厂与能效电厂的比较

参数	常规电厂	能效电厂
装机容量（万千瓦）	30	30
每年生产/节约的电力（亿千瓦时）	15	15
燃料（煤）消耗（克标准煤/千瓦时）	340	0
CO_2排放（克/千瓦时）	940	0
SO_2排放（克/千瓦时）	4	0
平均发/供电成本（分/千瓦时）	35~40	15

　　与常规电厂一样，能效电厂的开发也需要相应的流程，离不开规划、融资、建造和运营，也必须评估和验证它的效果。常规电厂和EPP的实施流程对照见表5-2。

表5-2　常规电厂和EPP的实施流程对照

项目	常规电厂建议流程	EPP建议流程
规划	根据相关政策和法规来筛选计划建造的发电厂	通过科学的规划流程确定EPP节能项目实施的最佳领域、规模和地址

项目	常规电厂建议流程	EPP 建议流程
审批	由政府部门负责	向政府部门备案
融资	通过贷款、企业资本或其他资本来源筹措建设资金	通过贷款、政府资金支持或其他来源方式筹措资金（包括折扣成本和激励成本）
建造	必须设计、定制主要部件，雇用经验丰富的承包商	必须以合理的成本实现所需的节约，必须为一些项目定制高效的产品，必须雇用经验丰富的各类承包商
运营	运营成本因发电厂的类型而异	根据不同类型能效电厂项目参与系统运行情况而定
成本回收	通过电费来回收资本成本和运营成本	通过在节能投资期内的节约电能收益来回收成本

三、能效电厂的调节潜力

光伏发电等可再生能源的大规模集中接入对维持电力供需平衡、满足电压和频率质量、确保系统安全稳定运行提出了挑战，迫切需要系统提供充足、灵活的可调节能力。然而，常规发电侧调节资源不仅受爬坡/滑坡速率的约束，反应较慢且成本高，而且如果由常规机组承担增加的调节需求，会带来巨大的建设投入，降低系统运行效率，阻碍光伏等可再生能源并网比例的进一步提高。美国、欧洲近期已开始进行将需求侧资源用于提供系统调节服务的研究，并给出了一些主要需求侧资源的调节潜力，具体见表 5-3 至表 5-5。

为了便于成本、效益等各项指标的对比测算，也为了使中、小负荷拥有参与调节的机会，一般将具有相同属性的 DSM 项目进行归类、整合，定义为一类能效电厂，这样也便于通过专业的技术手段充分挖掘其调节潜力。目前用于提供系统调节的能效电厂主要可以划分为以下三类：①空调 EPP，是各类具备调节潜力的空调系统的归类、汇总，基于目前的技术水平，其调节潜力中可以实现参与系统调节的比例大约在 1%~30%；②照明 EPP，是各类具备调节潜力的照明系统的归类、汇总，基于目前的技术水平，其调节潜力中可以实现参与系统调节的比例大约在 0~23%；③工业 EPP，是各类具备调节潜力的工业项目的归类、汇总，基于目前的技术水平，其调节潜力中可以实现参与系统调节的比例最大，大约在 10%~75%。现实中，可调节的能效电厂不仅局限于以上几类，随着智能电网的发展、智能用电控制等装置的推广普及，将有更多类型的能效电厂资源可以参与到系统的调节中。

表5-3　空气调节系统调节潜力

类型	2 小时内调节潜力（%）	20 分钟内调节潜力（%）
小型办公室	60	80
大型办公室	50	50
宾馆	30	40
商店	50	50
食品店	40	60
常温/冷藏/冷冻仓库	60	80
学校	60	80
大学	50	50
医院	0	0
住房	60	80

表5-4　照明系统调节潜力

类型	2 小时内调节潜力（%）	20 分钟内调节潜力（%）
小型办公室	33	33
大型办公室	33	33

类型	2 小时内调节潜力（%）	20 分钟内调节潜力（%）
宾馆	0	0
商店	25	25
食品店	33	33
常温/冷藏/冷冻仓库	33	33
学校	33	33
大学	33	33
医院	0	0
住房	33	33

表 5-5　工业项目调节潜力

类型	2 小时内调节潜力（%）	20 分钟内调节潜力（%）
制冷—冷冻冷藏仓库	25	35
制冷—冷藏冷冻仓库	5	35
数据中心	15	15
水泵系统	100	0

｜第四节｜

复杂不确定性光伏发电消纳的评估思路

一、BPA 电力系统潮流分析程序

BPA 程序是 20 世纪 60 年代初由美国联邦政府能源部下属的邦纳维尔电力局开发的大型电力系统离线分析软件，该程序采用稀疏矩阵技术的牛顿—拉夫逊法，并将梯形积分法运用于暂态稳定的计算中，形成了较为稳定的数值解。1984 年，中国电力科学院从美国引进了该套程序，经过大量的消化吸收、开发创新和推广应用工作，形成了适合我国电力系统计算分析要求的中国版 BPA 电力系统潮流及暂态稳定分析程序。目前，中国版 BPA 潮流及暂态稳定程序是在 1990 年版 BPA 程序的基础上经过不断的完善和开发形成的。该软件具有计算规模大、处理速度快、数据稳定性好等特点，已在我国电力系统规划、调度、生产运行及科研等部门得到了广泛的应用。

本章将 BPA 潮流计算程序作为不确定性电源消纳评估系统中电网潮流计算的手段。BPA 潮流计算程序不仅可以提供 P-Q 分解法、牛顿—拉夫逊法和改进的牛顿—拉夫逊法等多种算法的选择，还可以给出详细的输出内容和灵活的输出方式；既可以选择列表输出原始数据、计算结果和潮流分析表，也可以应用单线图、地理接线图的形式展现潮流情况，其输入输出如图 5-2 所示，可以通过控制语句指定作业及工程名称，设定计算中所要采用的程序功能，指定输入输出文件的选择，等等。其中涉及的网络数据包括节点数据、支路数据、变压器数据等。老库文件、新库文件均为由潮流作业生成的二进制文件，含有完整的网络数据和潮流情况。

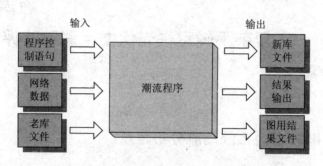

图 5-2　BPA 潮流程序的输入输出模式

二、复杂不确定性光伏发电消纳的评估思路

由于电能很难实现大量存储，因而必须确保电力供应和需求的实时平衡。在传统的电源结构中，化石能源发电一直处于支配地位，而这些电源大都具有比较可靠、快速的调节能力，可以及时跟踪不断变化的负荷需求，保障系统安全、稳定地运行。光伏发电等不确定性电源不同于传统电源，会受到气候、天气等众多复杂因素的影响，出力具有极强的不可控性，接入电网时必然会造成相应的功率波动，影响电力供需平衡。当不确定性电源发电占比较小时，传统电源能够实时补偿这些功率波动，维持系统的供需平衡；而当大规模不确定性电源接入电网后，其产生的功率波动有可能超出传统电源的调节能力极限，导致电力供需不平衡，影响供电的可靠性和电网运行的稳定性。因此，不确定性电源有效利用最主要的问题就是如何保持电力供应和需要间的实时平衡。然而，如果通过增加传统供应侧电源来实现不确定性电源的消纳，不仅是不经济的手段，而且不符合改善电源结构、实现节能减排的发展目标。

伴随智能电网的快速发展，先进的用电监测和管理系统得到推广普及，负荷从原来仅被动地接受电网供电，发展到可以根据电价水平和激励措施主动改变用电模式。同时，用户侧资源的可调节潜力巨大，如部分工业用户，其调节能力可达到自身负荷的75%，而且不会额外占用土地、消耗煤炭等资源，成本低廉。通过对用户侧资源的整合，具备调节能力的能效电厂可以在一定程度上发挥与常规电源一样的作用，因此，可以挖掘能效电厂的调节潜力来补偿不确定性电源接入带来的功率波动。本章基于对能效电厂调节潜力的研究，构建了一套允许能效电厂同常规电源一起参与系统调节、考虑设备调节裕度、结合电源优化布局的已有电力系统不确定性电源消纳评估系统，并应用该系统评估复杂不确定性光伏发电的消纳情况。该评估系统分为 6 大模块，具体流程如图 5-3 所示，具体模块介绍如下：

（一）数据初始化模块

选择可消纳不确定性电源的地区，以及预计未来负荷增长区域；初始化是否考虑计算中进行电压越限补偿，并设置相应限值条件；该模块还包含设置潮流文件路径等。

（二）地区定位模块

为了与 BPA 潮流计算程序的衔接，系统将输入的消纳不确定性电源的地区名称以及负荷增长区域名称同 BPA 程序中的对应信息进行识别转换。

（三）最大消纳潜力计算模块

该模块通过逐步增加可消纳地区的不确定性电源装机规模，同时增加预计负荷增长区域的用电，直到系统潮流计算不收敛，或者某一个约束条件越限。此时得到的不确定性电源净增长值即为该系统设定区域的最大不确定性电源消纳潜力。该模块还涉及不确定性电源的简单装机布局优化，主要考虑了各地区新增装机的固定成本和运行成本。

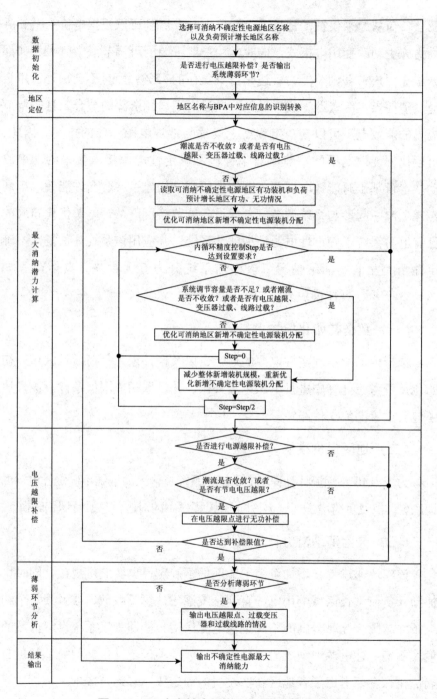

图5-3 不确定性电源消纳评估系统流程图

成本计算公式如下：

$$\begin{cases} \min\Delta C^U = \sum_a \left(\Delta C^U_{cap,\,a} + \Delta C^U_{run,\,a} \right) \\[2mm] \text{s.\,t.} \quad \sum_a \left(\Delta P^U_a + P^{endU}_a \right) \leqslant \sum_a V^U_a \\[2mm] \quad\quad \sum_a \Delta P^U_a = \Delta P^U \end{cases} \quad (5.2)$$

其中，ΔC^U 为新增不确定性电源的总成本；$\Delta C^U_{cap,\,a}$ 表示区域 a 新增不确定性电源的固定成本；$\Delta C^U_{run,\,a}$ 为新增不确定性电源的运行成本；ΔP^U_a 表示新增不确定性电源的容量；P^{endU}_a 为区域 a 已有不确定性电源的装机容量；V^U_a 表示区域 a 具备的调节容量，这里不仅包括由常规能源提供的容量，还包含 EPP 提供的可调节容量；ΔP^U 为新增不确定性电源的总量。目前，该模型考虑的因素相对简单，后期将不断丰富模型涉及的因素。

（四）电压越限补偿模块

通过在电压越限节点增加无功补偿装置，提升系统电压的容载能力，允许系统具有一定的电压调节裕度。

（五）薄弱环节分析模块

针对系统潮流计算不收敛，或者有系统约束条件越限情况，输出：①电压越限节点名称、电压范围、越限电压值；②过载变压器名称、视在功率、额定容量、功率因数；③过载线路名称、当前电流、额定电流、视在功率、额定视在功率、功率因数、角度。为进一步改善系统消纳瓶颈提供依据。

（六）结果输出模块

输出当前系统选择地区的不确定性电源最大消纳潜力。

| 第五节 |

算例分析

本章研究使用 MATLAB R2012a，结合 BPA 潮流计算软件编写仿真程序，采用 Lenovo X220（CPU：Core i5-2450 2.50G，Ram：4G）作为计算平台。构建的不确定性电源消纳评估系统已在 IEEE9 节点和 IEEE30 节点测试系统中通过检验，下面将以在 IEEE30 节点测试系统中的仿真为例，应用该评估系统研究不确定性光伏发电的消纳潜力。IEEE30 节点测试系统接线如图 4-4 所示，对系统一些参数的设定见表 5-6。

表 5-6　电源的参数设定

电源节点	常规电源类型	光伏发电单位装机成本（元/兆瓦）	光伏发电单位运行费用（元/兆瓦时）	光伏发电规划运行小时数
1	火电	6000000	55	1400
2	火电	6000000	55	1400
13	火电	8000000	35	1400
23	水电	8000000	35	1400
22	火电	7000000	50	1400
27	水电	7000000	50	1400

一、电压越限补偿对光伏发电消纳的影响

当光伏发电系统仅接入节点 27，负荷增长地区预计分布在区域 1 的节点 4，区域 2 的节点 16 和区域 3 的节点 26 时，研究允许电压越限

补偿对光伏发电消纳的影响。系统各节点可按照110千伏变电站设计标准配置30兆乏的无功补偿装置，计算结果见表5-7和图5-4。

表5-7 计算结果（一）

单位：兆瓦

	节点无电压 越限补偿	节点拥有 30兆乏无功补偿
光伏发电消纳潜力	18.01	21.51

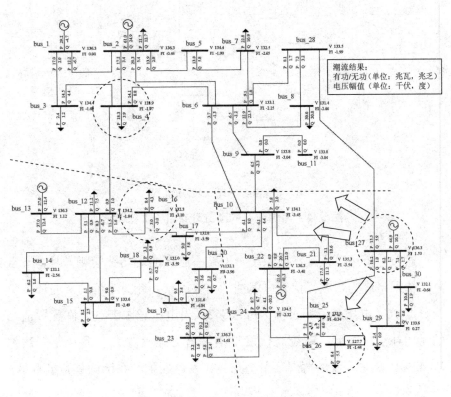

（A）节点无电压越限补偿情况

图5-4 两种情况的潮流分布（一）

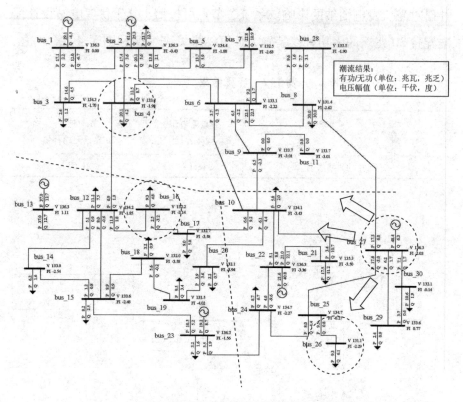

（B）节点拥有30兆乏无功补偿情况

图 5-4   两种情况的潮流分布（一）（续）

通过分析可以发现，当系统未安装有必要的无功补偿装置时，节点电压越限将成为影响光伏发电消纳的主要因素，此时系统的薄弱环节位于节点 26，电压越限标幺值为-0.0042。当电压越限节点允许配置适当的无功补偿装置后，系统光伏发电消纳潜力显著提升，提升比例达到19.43%，此时系统的薄弱环节为与光伏发电匹配的系统调节容量不足。

二、EPP 参与系统调节对光伏发电消纳的影响

当光伏发电系统仍仅接入节点 27，负荷增长地区同样预计分布在区域 1 的节点 4，区域 2 的节点 16 和区域 3 的节点 26，且系统各节点可

按照 110 千伏变电站设计标准配置 30 兆乏的无功补偿装置时，研究 EPP 参与系统调节对光伏发电消纳的影响。此时，假设各节点原有负荷的 10%可作为系统调节资源，计算结果见表 5-8 和图 5-5。

表 5-8　计算结果（二）

单位：兆瓦

	节点无 EPP 参与系统调节	节点允许 EPP 参与系统调节
光伏发电消纳潜力	21.51	26.35

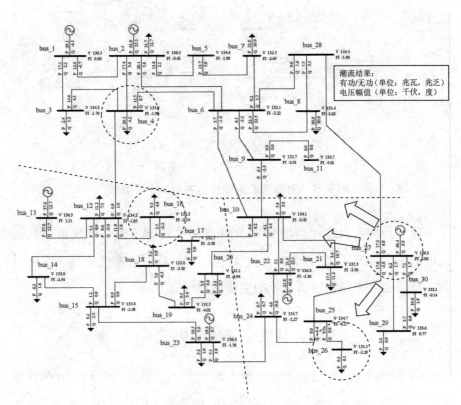

（A）节点无 EPP 参与系统调节情况

图 5-5　两种情况的潮流分布（二）

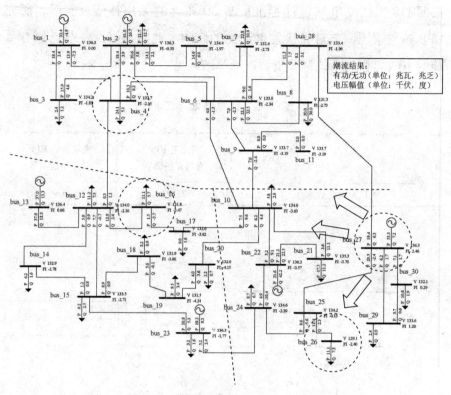

（B）节点允许EPP参与系统调节情况

图5-5 两种情况的潮流分布（二）（续）

通过分析可以发现，当 EPP 允许参与系统调节时，系统消纳光伏发电的潜力提升了 22.50%，此时无节点电压越限或者变压器、线路过载，调节能力不足仍然是系统的主要薄弱环节。

三、分散接入对光伏发电消纳的影响

当负荷增长地区仍分布在区域 1 的节点 4，区域 2 的节点 16 和区域 3 的节点 26，且系统各节点可按照 110 千伏变电站设计标准配置 30 兆乏的无功补偿装置，并允许 EPP 参与系统调节时，研究光伏发电分散接入对光伏发电消纳的影响。光伏发电系统将分别接入节点 22 和节点

27，计算结果见表5-9和图5-6。

表5-9　计算结果（三）

单位：兆瓦

	光伏发电仅允许 接入节点27	光伏发电允许接入 节点22和节点27
光伏发电消纳潜力	26.35	31.75

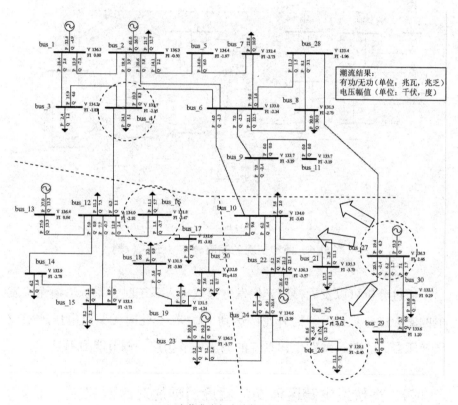

（A）光伏发电仅允许接入节点27情况

图5-6　两种情况的潮流分布（三）

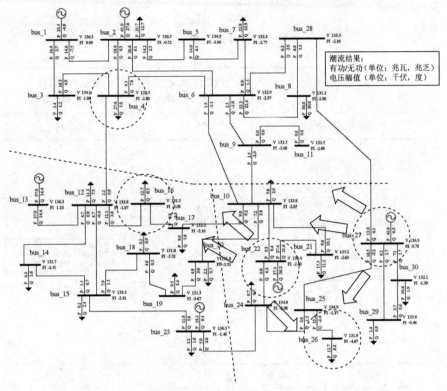

（B）光伏发电允许接入节点22和节点27情况

图5-6 两种情况的潮流分布（三）（续）

通过分析可以发现，当光伏发电分散接入系统时，系统消纳光伏发电的潜力进一步提升，提升比例达到20.49%，此时无节点电压越限或者变压器、线路过载发生，系统的薄弱环节仍然是调节能力不足。

四、光伏发电跨区消纳与就近消纳的对比研究

当光伏发电系统仍仅接入节点27，允许EPP参与系统调节，但各节点不考虑安装无功补偿装置时，研究光伏发电跨区消纳与就近消纳的差异。在跨区消纳情况下负荷增长地区预计分布在区域1的节点4、区域2的节点16和区域3的节点26；而在就近消纳情况下负荷增长地区

分布在节点 27 周边，分别为区域 3 的节点 21、节点 26 和节点 30。计算结果见表 5-10 和图 5-7。

表 5-10 计算结果（四）

单位：兆瓦

	跨区消纳	就近消纳
光伏发电消纳潜力	18.01	26.34

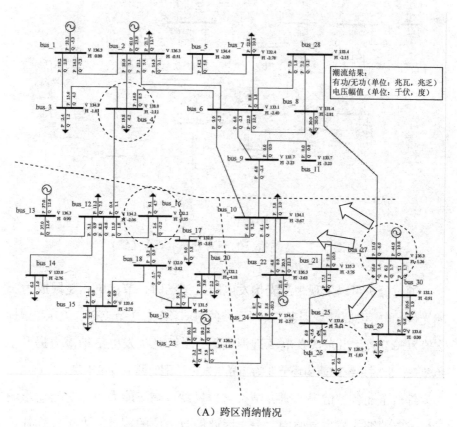

（A）跨区消纳情况

图 5-7 两种情况的潮流分布（四）

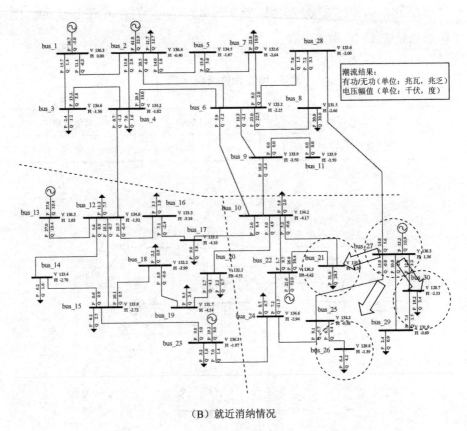

（B）就近消纳情况

图 5-7 两种情况的潮流分布（四）（续）

通过分析可以发现，当光伏发电跨区消纳时，节点电压越限成为影响光伏发电消纳的主要因素，此时系统的薄弱环节位于节点 26，电压越限标幺值为-0.0096。当光伏发电就近消纳后，系统光伏发电消纳潜力提升了 46.25%，此时系统的薄弱环节变为与光伏发电匹配的调节容量不足。

综合上述各种情况的研究结果可以发现：调节能力不足是当前影响光伏发电消纳的最主要原因之一，因此能效电厂的调节能力可以弥补系统调节能力的不足，帮助消纳更多的光伏发电；同时，在节点配置灵活的无功补偿装置可以改善系统的薄弱环节，提高光伏发电的利用；另外，光伏的分散接入、就近消纳可以帮助系统利用更多的光伏发电资源。

│第六节│

小结

伴随我国光伏发电近几年的爆发式增长，光伏发电的有效消纳问题日益突出。

本章首先分析了我国光伏发展弃光限电、补贴拖欠情况严重，经济性仍有差距等面临的一系列问题，指出系统调节灵活性不足是当前光伏发电发展的关键制约，装机容量过剩是主要成因，发展模式单一是重要瓶颈；其次针对调节资源问题，分析传统火电、水电参与系统调峰的技术和经济性情况，重点介绍了能效电厂的相关概念，分析了各类能效电厂参与系统调节的潜力；最后结合 BPA 潮流计算程序提出了一套使能效电厂同常规电源一起参与系统调节、考虑设备调节裕度、结合电源优化布局的复杂不确定性电源消纳评估系统，通过在 IEEE30 节点测试系统中的仿真，研究了节点电压越限补偿、能效电厂参与调节和光伏分散接入、就近消纳等对复杂不确定性光伏发电消纳潜力的影响。研究表明：能效电厂参与系统调节，可以大幅增加系统的光伏发电消纳潜力；节点配置灵活的无功补偿装置，可以改善系统的薄弱环节，提高光伏发电的有效利用；而光伏的分散接入、就近消纳，可以克服系统调节容量和无功配置的不足，促进光伏发电消纳潜力的进一步提升。

参考文献

［1］张保衡. 大容量火电机组寿命管理与调峰运行［M］. 北京：水利电力出版社，1988.

［2］韩祯祥，黄民翔. 2002 年国际大电网会议系列报道——电力系统规划和发展［J］. 电力系统自动化，2003（10）：8-10.

［3］王金文，范习辉，张勇传，等. 大规模水电系统短期调峰电量最大模型及其求解［J］. 电力系统自动化，2003（15）：29-34.

［4］蔡亮. 电力系统规划和资产管理研究［D］. 浙江大学，2006.

［5］吕学勤，刘刚，黄自元. 电力调峰方式及其存在的问题［J］. 电站系统工程，2007（5）：37-40.

［6］Elkarmi F. Load Research as a Tool in Electric Power System Planning, Operation, and Control-The Case of Jordan［J］. Energy Policy，2008，36（5）：1757-1763.

［7］张艳，毛晓明，陈少华. 电力系统计算分析软件包——中国版 BPA［J］. 广东工业大学学报，2008，25（4）：73-77.

［8］谢俊，白兴忠，甘德强. 水电/火电机组调峰能力的评估与激励［J］. 浙江大学学报（工学版），2009（11）：2079-2084.

［9］王鹏，张灵凌，梁琳，等. 火电机组有偿调峰与无偿调峰划分方法探讨［J］. 电力系统自动化，2010（9）：87-90.

［10］Aunedi M.，Kountouriotis P. A.，Calderon J. E. O.，et al. Economic and Environmental Benefits of Dynamic Demand in Providing Frequency Regulation［J］. IEEE Transactions on Smart Grid，2013，4（4）：2036-2048.

［11］Watson D. S. Fast Automated Demand Response to Enable the Integration of Renewable Resources［J］. Lawrence Berkeley National Laboratory，2013.

［12］陈炜，艾欣，吴涛，等. 光伏并网发电系统对电网的影响研究综述

[J]. 电力自动化设备, 2013 (2): 26-32.

[13] 郑雅楠, 刘建东, 韩红卫. 甘肃可再生能源限电成因分析及对策建议 [J]. 中国能源, 2016 (12): 28-31.

第六章
复杂不确定性光伏发电合理规划的研究

COMPLEX UNCERTAINTY ANALYSIS AND MODELING OF
PHOTOVOLTAIC POWER SYSTEM
AND ITS APPLICATION

｜第一节｜
全球能源转型发展情况

能源是支撑人类社会文明发展的重要物质基础，是经济社会发展不可缺少的基本条件。在人类历史的发展进程中，已经历了几次较大的能源转型，其中，能源技术进步是最重要的推动力，既促进了社会的发展，也是社会进步的重要体现。

一、前两次能源转型

在经历了长期依赖自然界薪柴提供基础生活能源的漫长时期后，人类开始了第一次能源转型。第一次能源转型发生在 16 世纪工业革命初期，主要是用煤炭代替薪柴，能量密度更高的煤炭开始成为社会活动的主要燃料，这个过程使得能源利用从以家庭单元为主，变为以工业领域为主，即煤炭的使用推动蒸汽机的广泛应用，进一步促进钢铁、机械、铁路、防治等近代工业的建立及规模化的发展，从而造就了第一次工业革命。这一次技术替代的过程，使得人类社会从农业文明过渡到了工业文明，在此过程中，英国率先依靠发展煤炭在世界上建立近代工业体系，崛起成为"日不落帝国"。

第二次能源转型发生在 19 世纪末 20 世纪初，主要是由石油取代煤炭成为主导能源，电力被发明并得到广泛应用。石油的广泛利用带来了汽车工业的发展，更加高效的能源利用方式加速推动了现代工业的建立和发展，催生了电力、石油、化工、汽车、通信等新的工业部门，还推动了钢铁、机械、铁路运输、纺织等旧的工业部门升级，催生了第二次工业革命，工业在现代能源推动下加大了对经济社会各个领域的影响。美国在这次变革中抢占先机，率先在世界上建立现代工业体系，并直接影响了两次世界大战的格局，奠定了美国的世界领先地位。

二、第三次能源转型

在过去的一个多世纪里，化石能源特别是石油主宰了世界——尤其是发达国家的能源发展。以石油为推动力，加快了"二战"后世界主要经济体的恢复和新兴经济体的发展，塑造了辉煌的经济发展奇迹。

但与此同时，随着全球经济活动不断增加，能源资源耗竭速度加快。虽然随着技术进步，新探明化石能源资源储量不断增加，可以进一步延长人类可能的使用时间，但经过亿万年时间尺度演化形成的石油、天然气和煤炭等化石能源将在几十至数百年内逐渐耗尽的结论，从来没有被根本改变过，技术进步、增加探明储量而可能带来的使用延长时限量级只有数十年，远远无法支撑人类社会的可持续发展。此外，能源生产消费引发的环境问题日益突出，化石能源使用带来的大气污染、酸雨等外部性影响随着化石能源消费规模的不断扩大，开始广泛影响空气、水、土壤等人类基本生存要素。同时，围绕油气资源的地缘政治格局深度影响了国际政治格局，石油资源富集国地区冲突不断，油气资源价格随着动荡的局势大幅波动，成为影响许多国家安全的重要因素。特别是 20 世纪 70 年代爆发的石油危机，使以进口石油为主的西方世界面临着石油供应短缺及价格飞涨的局面，经济发展受到重创。在这些因素的共同作用下，许多国家开始谋求发展替代能源，新一次的能源转型开始酝酿。

20 世纪 90 年代以来，大量化石能源消费产生的温室气体排放正在导致全球温度上升和极端气候状况增加，气候变化问题以更快的速度、更深入和更广泛的影响能力，对全球人类的生存构成了重大威胁。在此形势下，一次以"从高碳到低碳"为特征的能源转型也呼之欲出。两次工业革命以来的能源发展形势表明，能源技术的发展需要更加强调低碳、清洁和可持续发展。欧美日等发达国家已逐步实现了油气等低碳能源对煤炭等高碳能源的替代，并在此基础上提出了以新能源和可再生能源为特征的能源转型战略。

美国学者杰瑞米·里夫金在他的著作《第三次工业革命》中指出，全球范围正在兴起新一轮能源革命，这一过程的重要特征是新的信息、网络技术与可再生能源开发利用技术相结合，新能源技术、智能电网技术、储能技术以及信息技术、网络技术不断取得突破，并相互促进发展，最终建立新的能源互联体系，使得能源加速向低碳发展，进而形成推动第三次工业革命的重要动力基础。虽然一些学者专家对"第三次工业革命"的内涵和路径还有很多争议，但是以可再生能源等低碳能源为特征的能源转型已在全球范围内蓬勃发展，并在不断取得新进展的同时，获得了国际社会的一致认可。从人类能源利用历史看，这个转变过程既是保障能源安全、解决工业化蓬勃发展带来的资源消耗和环境污染现实挑战的必需手段，也是人类追求绿色、可持续发展的必由之路。

三、全球可再生能源发展的主要形势

以太阳能、风能等为代表的可再生能源，自 20 世纪 70 年代开始在丹麦、德国、美国等国起步；进入 21 世纪，随着能源安全和环境生态保护逐渐成为全球化的问题，许多国家也将开发利用可再生能源作为能源战略的重要组成部分和缓解能源供应矛盾、减少温室气体排放以及应对气候变化的重要技术选择，制定了发展战略、目标和相关激励政策，引导和鼓励可再生能源的发展，可再生能源逐步获得规模化发展，发展范围从许多发达国家扩展到部分发展中国家，并从"补充能源"发展成为重要的"替代能源"，在一些地区甚至成为主流能源。如今，可再生能源已经成为能源技术发展的重点方向之一。

（一）可再生能源进入全面规模发展阶段

根据有关机构统计结果①，2014 年可再生能源满足了全球约 19.1% 的能源供应，其中 10.1% 来自现代化利用的可再生能源，9% 来自传统生物质能源。截止到 2014 年底，全球可再生能源发电总装机容量达到 17.1 亿千瓦，比 2013 年增加 8.5%。其中，水电新增 3700 万千瓦，增长了 3.6%，总装机容量达到 10.55 亿千瓦；其他可再生能源发电总装机容量 6.57 亿千瓦，增长了 17.3%。非水电可再生能源发电中，风电新增装机容量 5100 万千瓦，增长了 16.0%，总发电装机容量 3.70 亿千瓦；太阳能发电新增装机容量约 4000 万千瓦，增长了 28.3%，发电总装机容量达到 1.77 亿千瓦。到 2014 年底，可再生能源发电量占全球总发电量的 22.8%，其中，水电发电量占全球总发电量的 16.6%。

2014 年，可再生能源产业投资 2702 亿美元，同比增长了 17%，实现三年内的首次增长，主要原因是全球风电和光伏发电都出现了良好的发展势头。其中，中国和日本光伏安装量爆发式增长，合计投资达到了 749 亿美元。此外，欧洲海上风电项目创纪录的 186 亿美元投资也是重要因素。

随着可再生能源经济性持续改善，不仅丹麦、德国等发达国家高度重视可再生能源的发展，其应用范围也开始从过去的欧洲、东亚、北美，逐步扩大到非洲、南美、中东、南亚等广大地区，化石能源丰富的中东国家也纷纷着手发展新能源。阿联酋 2006 年开始在沙漠中建设"马斯达尔零碳城市"，并建成了中东第一个太阳能热发电项目；沙特阿拉伯 2010 年启动"阿卜杜勒国王原子能与可再生能源城"项目，也计划建

---

① REN21. Renewables 2015 Global Status Report ［R］. 2015.

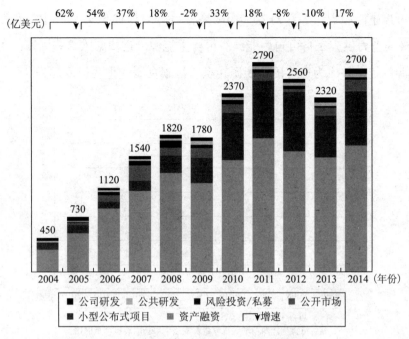

图 6-1　全球产业链新增可再生能源投资

资料来源：Frankfurt School-UNEP Centre/BNEF. Global Trends in Renewable Energy Investment 2015 [EB/OL]. http：//fs-unep-centre. org/，2015-03-31.

设数百吉瓦的太阳能发电项目；中东、北非的所有 21 个国家，都已提出了各自的可再生能源发展目标，重点发展太阳能等新能源，减少对化石能源的依赖。这些情况表明，当前可再生能源的发展已从作为过去个别国家、部分地区的补充能源，逐步成为全球各国的一致发展方向。

（二）可再生能源已在一些地区开始发挥重要作用

可再生能源在许多区域的能源和电力消费中的比重不断扩大，自 2011 年以来，欧盟每年新增发电装机容量中 70% 以上来自可再生能源，如图 6-2 所示。从 2007 年开始，除了个别年份，美国每年的新增发电装机容量中超过 60% 来自可再生能源，如图 6-3 所示。此外，2014 年，丹麦风电在全社会用电量中的比重已经超过了 39%，德国 26% 的电力消费由可再生能源提供，在丹麦、德国某些特殊时段的电力供应中，有超过60%的电力供应来自可再生能源。可再生能源已逐步融入这些国家的主流能源系统，并成为这些国家能源转型、低碳发展的重要组成部分。

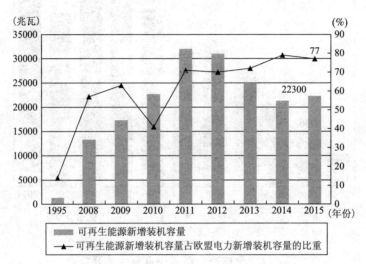

图 6-2　欧盟可再生能源新增装机容量及其占电力新增容量比重

资料来源：欧洲风能协会，http：//www.ewea.org。

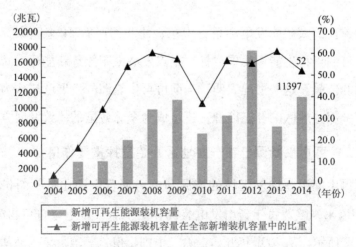

图 6-3　美国可再生能源新增装机容量及其占电力新增容量比重

资料来源：美国国家可再生能源实验室（NREL）。

（三）可再生能源是各国"能源转型"的核心内容和根本方向

欧盟是全球最早提出转变能源发展方式的经济体。丹麦 2010 年就发布了"能源战略 2050"，提出"2050 年完全摆脱化石能源消耗"的宏伟战略目标，也是全球第一个正式公布要 100%依靠可再生能源提供能源供应的国家战略。德国 2011 年也公布了"能源转型战略"，提出到 2050 年，可再生能源利用量在终端能源消费中比重达到 60%、可再生能源电力占总电力消费比重达到 80%的宏大目标。为此，德国明确提出了 2020 年、2030 年、2040 年详细的节能和可再生能源发展路线图。欧盟能源委员会 2012 年还发布了《能源发展路线图 2050》，提出了多个发展情景，可再生能源在能源消费中的比重最低达到 55%，最高达到 75%，其中可再生能源发电在电力消费中比重最高达到 97%。美国能源部 2012 年开展了"未来能源电力研究"，结论是：到 2050 年，可再生能源可满足美国 80%的电力需求。

能源转型重点技术已成为各国重视的战略性新兴产业。可再生能源开发利用产业链长，配套和支撑产业多，对经济发展的拉动作用显著；同时，科技进步引领了全球可再生能源的发展。因而，许多国家都在能源转型过程中，先期投入大量资金支持可再生能源技术研发和产业培育，抢占技术制高点。特别是在全球经济危机中，美欧日等发达国家和印度、巴西等发展中国家把发展可再生能源作为刺激经济发展、走出经济危机的战略性新兴产业加以扶持。奥巴马政府上台后，从应对金融危机、促进就业及占领技术制高点的角度出发，大力倡导发展包括太阳能、风电等在内的新兴能源技术。在 2009 年美国经济刺激法案中，可再生能源是其中重要的内容，美国也凭借技术优势占据了在太阳能、风能技术及装备领域的全球领先地位。巴西重点研发生物乙醇、生物柴油以及燃料汽车等生物质能生产消费技术，成为生物质能领域全球技术产业及应用规模都保持领先的国家。在未来以可再生能源为主的能源系统变革中，可再生能源及相关配套产业将成为经济产业升级转型的重要支柱。

| 第二节 |
中国近期电力供需形势

一、电力消费情况分析

2000 年以来，因工业化和城镇化进程加快，我国经济结构出现重型化趋势，全社会用电需求持续高速增长，如图 6-4 所示，"十五""十一五"期间年均用电增速达到 14.0%和 10.3%；"十二五"时期，受欧债危机和国内经济进入新常态影响，用电量增长也大幅放缓，年增速分别为12.0%、5.6%、7.2%、3.7%和 0.5%。

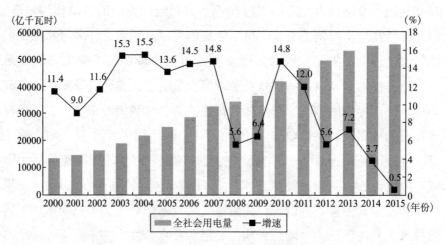

图 6-4 2000—2015 年全国全社会用电量情况

分产业看，我国用电结构出现了积极变化，三次产业及居民生活用电量如表 6-1 所示。2000 年，三次产业和居民生活用电结构为 4.0：

72.7：10.9：12.4，2015 年为 1.8：72.2：12.9：13.1，第二产业用电增速明显减缓，第三产业及居民生活用电快速增长。

表 6-1　2000—2015 年我国分产业用电量和用电结构

年份	用电量（亿千瓦时）					用电结构（%）			
	全社会	第一产业	第二产业	第三产业	居民生活	第一产业	第二产业	第三产业	居民生活
2000	13466	534	9786	1474	1672	4.0	72.7	10.9	12.4
2005	24781	756	18676	2524	2825	3.0	75.4	10.2	11.4
2010	41999	976	31450	4478	5094	2.3	74.9	10.7	12.1
2011	47026	1013	35288	5105	5620	2.2	75.0	10.7	12.0
2012	49657	1003	36733	5693	6228	2.0	74.0	11.5	12.5
2013	53225	997	39192	6260	6776	1.9	73.6	11.8	12.7
2014	55213	995	40628	6660	6929	1.8	73.6	12.1	12.5
2015	55500	1020	40046	7158	7276	1.8	72.2	12.9	13.1

2000 年以来，我国工业用电年均增速达到 9.8%，低于全社会平均水平 0.1 个百分点。受美国次贷危机和欧债危机持续发酵影响，"十一五"期间工业用电年均增速回落到 9.9%，低于全社会平均水平 0.4 个百分点，其中，轻工业用电增速为 6.8%，低于重工业增速 3.8 个百分点。"十二五"期间工业用电年均增速继续下降至 4.9%，低于全社会平均水平 0.6 个百分点，其中，轻工业用电增速为 4.8%，重工业增速为 4.9%。轻重工业用电结构由 2000 年的 20.8：79.2 变化为 2015 年的 17.1：82.9，重工业比重累计提高 3.7 个百分点。

高耗能行业发展形成的庞大用电量已经成为我国用电量增长的主要因素。2000—2015 年，我国高耗能行业用电年均增速达到 11.2%，其中，"十五"期间年均增速为 17.3%，"十一五"期间年均增速为 10.9%。进入"十二五"，高耗能行业用电增速继续回落，尤其是 2015

年，受国际经济形势和国内宏观调控影响，高耗能行业用电增速大幅下降，黑色金属、有色金属、化工和建材四大高耗能行业用电量合计17895 亿千瓦时，比 2014 年增长 3.6%。四大高耗能行业用电量占全社会比重由 2000 年的 26.9% 升至 2015 年的 31.4%，如图 6-5 所示。

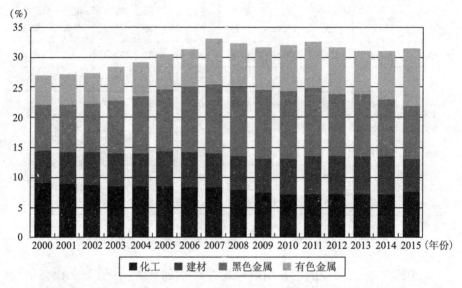

图 6-5　2000—2015 年主要高耗能行业用电量占全社会用电量比重

分地区看，2000 年以来，除东北电网用电年量均增长 8.1% 以外，华北（12.6%）、华东（13.4%）、华中（12.1%）、西北（15.1%）和南方（12.8%）用电量均保持了较快增速，如表 6-2 所示。尤其是在"十五"期间，华东（15.2%）、南方（14.0%）、华北（13.5%）和华中（12.3%）实现了用电量的高速增长。"十一五"期间，除东北、西北电网外，各地区用电增速普遍回落。进入"十二五"，各地区用电增速继续回落，只有西北继续保持 10% 以上的增长。2015 年，全国有 22个省（区、市）用电量超过 1000 亿千瓦时。

表 6-2　2000—2015 年全国分地区用电量

单位：亿千瓦时

地区	华北电网	东北电网	华东电网	华中电网	西北电网	南方电网
2000 年	3128	1539	3009	2521	1016	2249
2005 年	5885	2142	6096	4498	1825	4323
2010 年	10180	3303	10374	7732	3338	7052
2015 年	13050	3908	13566	9947	5500	9529
"十五"年均（%）	13.5	6.8	15.2	12.3	12.4	14
"十一五"年均（%）	11.7	8.8	11.2	11.4	12.8	10.3
"十二五"年均（%）	5.1	3.4	5.5	5.2	10.5	6.2

注：表中的华北电网包括蒙西，东北电网包括蒙东，西北电网包括西藏。

二、电力供应能力分析

2003—2005 年和 2008—2010 年两轮缺电带动了我国电源投资的两次加快增长。进入"十二五"，随着电力供需形势的缓和，电源投资逐步放缓，如图 6-6 所示。2006—2015 年新增装机容量累计达到 99083 万千瓦，其中，水电、火电、核电、风电、太阳能发电分别占 18.2%、63.4%、2.1%、12.7%和 3.6%，如图 6-7 所示。

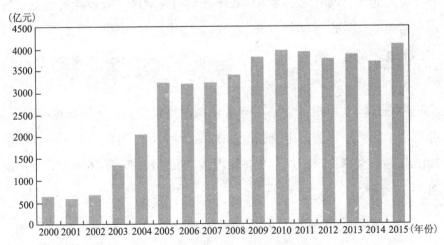

图 6-6　2000—2015 年全国电源投资情况

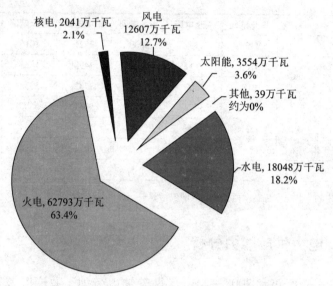

图 6-7 2006—2015 年全国各类新增电源比例

2006—2015 年全国新增装机容量情况如图 6-8 所示，水电、风电、太阳能发电装机容量比重明显上升。新增装机主要分布在华中、南方和华北地区，其中，水电主要分布在华中和南方地区，火电主要分布在南方和华东地区，风电则主要集中在华北、西北地区，太阳能发电主要分布在西北地区。截至 2015 年底，全国总装机容量达到 15.1 亿千瓦，其中，水电、火电、核电、风电和太阳能发电装机容量分别占 21.2%、65.7%、1.8%、8.5%和2.8%。

2004—2006 年和 2007—2009 年电网投资也经历了两轮较快的发展。进入"十二五"以来，电网投资保持稳步增长，如图 6-9 所示。截至 2015 年底，全国 35 千伏及以上输电线路回路长度为 163 万千米，如图 6-10 所示。

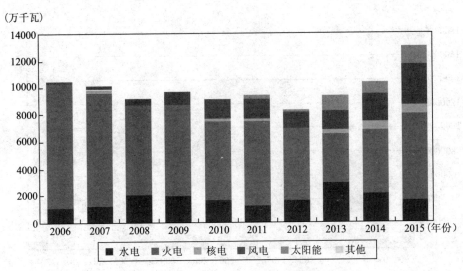

图 6-8　2006—2015 年全国新增装机容量

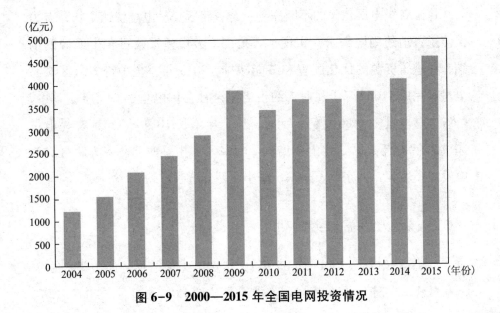

图 6-9　2000—2015 年全国电网投资情况

（千米）

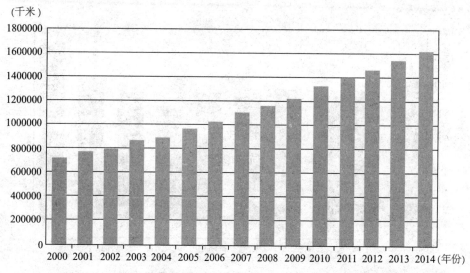

图 6-10　2000—2015 年全国 35 千伏及以上输电线路回路长度

伴随各级电网建设的不断完善，跨省跨区交易电量快速增长，有力保障了各地的用电需求，实现了大范围、大规模富余可再生能源的消纳，促进了资源的优化配置和节能减排。2015 年，全国跨省跨区交易电量共完成 11667 亿千瓦时，约占当年全社会用电量的 21.0%。其中，跨省交易电量完成 8670 亿千瓦时，比上年增长 10.4%；跨区交易电量完成 2997 亿千瓦时，比上年增长 23.0%。华中、西北、南方跨区交易电量规模较大，而东北、华东、华中、西北增长较快。

三、电力供需形势分析

"十五"时期（2001—2005 年），全国电力供需形势经历了"供需基本平衡—供需矛盾不断加剧—供需矛盾缓和"的过程。2000—2001年，电力需求在经历了"九五"末期低速增长后呈现恢复性增长，全国电力供需保持基本平衡，但部分地区略有紧张。2002—2004 年，电力需求快速增长，由于新增装机容量不足以及来水偏枯等原因，全国共有 24 个省级电网出现拉限电情况，最大电力缺额达到 3500 万千瓦左右，缺电呈现出全局性和持续性特点，除东北电网基本平衡外，其他区域电网电力供需矛盾非常突出。2005 年，随着电力需求的减缓、新增装机容量的增加以及电煤供应、来水形势的好转，电力供需形势有所缓解，缺电特点转变为季节性、区域性。电力供需紧张的地区主要集中在华东、华北、华中和南方地区。

"十一五"时期（2006—2010 年），受到国际金融危机的影响，用电量一度增长缓慢，但年均增速仍达到 10.3%，仅比"十五"期间的年均增速回落 3.7 个百分点。年均装机容量增长 11.6%，电源结构进一步优化，水电装机容量超过 2 亿千瓦，风电新增装机容量几乎每年增长 1 倍，核电在运机组超过 1000 万千瓦，而火电装机容量比重下降了 4.2 个百分点。2010 年底，全国发电装机容量达到 9.7 亿千瓦，其中水电、火电、核电、风电、太阳能发电装机容量分别为 21606 万千瓦、70967 万千瓦、1082 万千瓦、2958 万千瓦和 50 万千瓦，分别占总量的 22.4%、73.4%、1.1%、3.1% 和 0.1%。电煤供应不足和极端天气逐渐成为导致电力供需偏紧的主要因素。其中，在 2010 年初，由于经济增速回升，加之天气寒冷，电力需求高速增长，电煤价格上涨导致电煤供应不足，缺煤停机、非计划停运使华北、华中、华东部分地区电力供应偏紧。2010 年 4 月，由于严重干旱，西南地区出现电力供应紧张的局面。

进入"十二五"（2011—2015 年），用电量增长逐步放缓，年均增速约为 5.7%。2015 年底，全国发电装机容量达到 15.1 亿千瓦，其中，水电、火电、核电、风电、太阳能发电装机容量分别为 31937 万千瓦、99021 万千瓦、2717 万千瓦、12830 万千瓦和 4158 万千瓦，分别占总量的 21.2%、65.7%、1.8%、8.5% 和 2.8%。火电装机容量占比逐年下降，风电和太阳能发电装机容量连年增长，电源结构不断得到优化。但由于需求放缓和配套滞后等影响，"弃水""弃风""弃光"问题在局部地区时有发生，并呈现不断恶化的态势。虽然受欧债危机和国内经济进入新常态影响，电力需求大幅回落，全国电力供需形势总体宽松，但在局部地区高峰时段，电力供应能力仍不能满足用电需求，部分地区季节性、时段性电力供需紧张局面依然存在。

总体来看，2000 年以来，虽然我国电力供应基本能够满足用电需要，但缺电与弃电等电力供需矛盾频繁发生。这其中有对未来不确定性估计不足的原因，也有多源未能协调发展、经济利益与环境保护不能统筹考虑的因素。电力工业既是基础产业又是公共事业，既是生产资料又是生活资料，面对当前发生的装机发展与电力需求、非化石能源与化石能源发展、经济发展与环境保护等不协调问题，作为电力工业科学发展重要基础和前提的电源规划，必须适应新的发展需要，充分考虑未来各种可能的不确定情况，并适度超前。因此，研究科学合理的电源规划方法，指导我国中长期电力多源协调发展，特别是研究太阳能发电等可再生能源的合理利用，是关系电力工业可持续发展、推动我国能源转型和国家应对气候变化的重要课题。

| 第三节 |
电力规划方法的发展

20 世纪 70 年代的石油危机以来，能源系统模型得到了广泛的应用。国外近年来已经针对电力能源长期规划问题开展了大量相关研究工作，并且在建设自底向上的能源技术模型工具平台方面取得了重大的突破。TIMES 模型作为国际能源署开发的全行业能源优化规划模型，可优化未来长期能源系统的投资，已经被用以研究葡萄牙亚速尔群岛能源系统中需求侧响应对可再生能源消纳能力的影响。另外，国际能源署开发的 MARKAL 模型也已被应用于美国能源系统中对生物质能源价格政策的分析。TIMES 和 MARKAL 模型在数学逻辑中属于优化模型，即模型可根据数据假设，以设定目标为导向，决定某些变量的值。而另一类模型为仿真核算模型，即模型本身并不对某些不定的变量进行决策，而是基于繁杂的技术数据核算相关技术份额及排放数据，逻辑上不存在优化过程。McPherson 和 Karney 利用 LEAP 模型平台研究了巴拿马电力行业在各种情景下的排放、系统成本、资源分布指数等指标，核算了资源分布指数和减排潜力之间的关系。Kitous 等利用 POLES 模型研究了世界范围内能源系统各种情景下的转型模式。从模型分类来看，优化模型由于能提供在总体目标下的最优解，从而可以为未知的长期能源规划提供演变的路径，特别是研究能源供给的优化路径；而仿真核算模型可以基于多种细节假设提供总体的经济成本、排放等的核算，从而更加适用于能源系统假设演变路径的验证以及能源需求和预测等。如表 6-3 所示，本节根据优化模型和仿真核算模型对已有文献中的部分代表能源系统长期规划模型进行了分类。

表 6-3　能源系统长期规划模型分类

模型类型	研究机构	模型名称
优化	国际能源署	MARKAL（MARKet ALlocation）
	国际能源署	TIMES（The Integrated MARKAL-EFOM System）
	国际应用系统研究所	MESSAGE
	澳大利亚资源经济局	E4CAST
	瑞典皇家工学院	OSeMOSYS
仿真核算	斯德哥尔摩环境中心	LEAP
	国际能源署	WEM
	格勒诺布尔大学	POLES

　　以 TIMES 和 MARKAL 模型为代表的全行业能源系统优化模型由于关注整体能源系统，对电力行业的技术细节，特别是对可再生能源电力的波动性和不确定性都缺乏有效的刻画。此类模型的核心思想为全行业各品种的能源供给与能源消费的均衡，然而，由于电力系统特性，电力供给和电力消费必须达成瞬时平衡而不能储存，另外，发电机组出力、热电联产、可再生能源、储能技术等技术的特性均在瞬时影响着电力平衡是否能够实现，因此，聚焦于电力行业中长期优化的模型开始得到不断发展。REEDS 模型是由美国能源部支持开发的美国多区域电力系统优化部署模型，其对电力系统发电、储能、输电均有详细的技术描述，并且可以表达风能及太阳能资源的波动性和不确定性。模型将美国划分为 385 个资源区，用于分析评估美国电力部门发展的多区域、跨时期、基于地理信息系统（GIS）和线性规划相结合的模型。目前，该模型已经被广泛应用于研究美国电网在不同政策和技术假设下未来长期的发电装机和输电容量在时序和空间的优化部署。SWITCH 模型是由加州大学伯克利分校开发的开源电力系统规划模型，其模型的核心逻辑为寻求满足可再生能源技术约束的条件下的成本最优系统扩容方案，其运行结果

已经通过加州的案例分析得到验证。E2M2 模型（European Market Model）由经济合作与发展组织（OECD）开发，是针对欧洲电力市场运行的随机优化模型。研究者已经应用该模型评估了欧洲高比例情景下电力价格及碳价的长期变化。为研究波罗的海地区国家的电力市场，丹麦 EA 公司在丹麦能源署的支持下开发了 Balmorel 模型。Balmorel 模型是一个基于线性混合整数规划的开源数学模型，以发电成本、供热成本、输电成本、新增发输容量的投资费用以及污染等气体排放费用的综合经济性最优为目标，建立的方程满足电量/供热量平衡、各类型发电机组特性约束、输电容量约束及排放约束。Balmorel 模型最初用于分析波罗的海地区的电源发展规划，后来经过多次不断完善，逐步扩宽模型应用范围，目前已被应用于计算各电力市场相关方经济利益、评估环境政策、模拟电力市场和我国高比例可再生能源发展等方面。

表 6-4　重点电力模型特性总结

模型名称	REEDS	SWITCH	E2M2	Balmorel
模型保密程度	保密	开源	保密	开源
包含部门	电力	电力	电力	电力及热力
模拟地区	美国	美国加州	欧洲	波罗的海国家
模型类型 （装机规划及调度运行）	规划及运行	规划及运行	运行	规划及运行
时间跨度	2050 年 （两年迭代）	2050 年 （4 年迭代）	固定年	2050 年 （迭代年限可调）
运行约束				
电力需求	弹性	固定	固定	弹性或固定
是否设置系统备用	是	是	是	是
是否设置区域传输	是	是	是	是
可再生能源波动性	是	是	否	是
火电机组启停及调峰	否	否	是	否

模型名称	REEDS	SWITCH	E2M2	Balmorel
成本组成				
固定成本	是	是	是	是
可变成本	是	是	是	是
启停成本	否	否	是	否
输电成本	是	是	否	是
可再生能源资源				
资源限制精度	高	低	未知	低
波动曲线	统计估算	历史	随机	历史
弃风弃光模拟	是	是	是	是
其他				
储能技术能量平衡	是	否	是	可设置
供热技术	否	否	是	可设置
电力运行规则	否	否	是	否

国内方面，胡兆光、温权等提出的综合资源战略规划模型以国家能源电力发展战略为目标，实现了对电力体制改革下各类发电资源实施路径的优化。张宁等利用电网扩容模型研究了需求侧响应对风电并网消纳的促进作用。张东杰等通过构建超单区域超结构模型分析了碳税对我国CCS技术发展的影响。王灿等建立了中国分区电力部门优化投资模型，初步分析了火电排放空气污染物的长期分布情况。

综合来看，REEDS、SWITCH、Balmorel模型均具有长期规划电力系统容量扩张及电力运行的功能，而E2M2模型主要聚焦于电网运行的详细模拟。但由于中长期电力规划时间跨度大、涉及因素众多，包含的不确定性异常复杂且多元化，而对于这些有价值的不确定性如何与规划进行结合，目前国内外尚缺乏有效的手段，因此，综合考虑多元复杂不确定性的电力规划方法是电力系统尚需要进行深入研究的领域。

当前规划通常采用设置高中低情景的模式来反映关注因素的不确定性影响，仅能考虑有限因素的有限变化，对于规划涉及主要因素的随机不确定性的研究也处于起步阶段，仅仅采用随机变量描述了电力负荷、成本等因素的不确定性影响。显然，传统的方法简单易操作，但是随着研究的发展，人们发现复杂不确定性才能更好地反映规划涉及的不确定因素。其中既有随机性质的，也有模糊性质的，还有随机、模糊二者兼而有之的。另外，根据掌握信息和出发立场的差异，机构、企业对于未来的判断也不尽相同，有时甚至方向相反。如何充分利用这些关于未来的有价值的信息，会对中长期规划产生重要影响。因此，如何对规划涉及因素有价值的复杂不确定性进行综合建模，也是当前规划尚需解决的难题之一。

电力作为基础性能源，对国民经济的发展具有关键的支撑作用，反过来，经济的持续发展又能推动电力产业不断前进。虽然我国已经制定了明确的"十三五"能源、电力发展目标，国内外相关机构和学校也对我国的电力发展进行了展望，但都仅围绕电力需要、可再生能源等设置等有限情景考虑未来发展的不确定性。受到国内外形势和技术发展趋势影响，不仅我国的电力需求、可再生能源技术发展存在较大的不确定性，常规能源发展模式、补贴政策以及排放约束等同样存在多种可能。另外，各类发电能源具备竞争力的关键时间点和支撑条件的不确定性也不容忽视。由于目前缺乏该类型的研究平台，国内外尚未有相关的系统研究，因此，研究我国中长期电力多元发展的不确定性，分析太阳能发电等可再生能源可能遇到的资源、技术、政策风险，对于优化我国电力工业发展路径具有重要意义。

| 第四节 |
综合资源战略规划

综合资源战略规划（Integrated Resource Strategic Planning，IRSP）是指根据国家能源电力发展战略，在全国范围内将电力供应侧资源和各种形式的电力需求侧能效电厂（Efficiency Power Plant，EPP）资源进行综合优化，通过经济、法律、行政手段，合理配置和利用各环节的资源，在满足未来经济发展对电力需求的前提下，使得整个规划的社会总投入最小，效益最大。其中的社会投入不仅考虑经济成本，还包含环境成本、社会成本等，是在综合权衡各类成本的情况下做出的最优资源配置和利用规划。它通过引入能效电厂的概念，使各类需求侧资源被打包成整体，主动纳入规划中，便于具有成本优势的 EPP 与其他资源一同供用户比较与选择。另外，IRSP 更注重宏观层面，统筹考虑多个地区，制定各时期不同类型发电机组及 EPP 的总体规模，所以 IRSP 可以指导整个电力行业的发展和需求侧管理项目的实施，充分体现国家能源、电力发展战略。

IRSP 中通常采用的能效电厂按技术类型可以划分为：①照明设备 EPP：是节能照明设备的归类、汇总；②电机 EPP：主要是需要进行更新改造、提高效率的电机设备的统一归类、汇总；③调速设备 EPP：是需要进行更新改造的变频设备的统一归类、汇总；④移峰设备 EPP：是通过采用蓄冷、蓄热等设备实现移峰填谷项目的统一归类、汇总；⑤高效家电 EPP：主要是需要进行更新改造的空调、冰箱、热水器、电炊等设备的统一归类、汇总；⑥可中断负荷 EPP：是将多家企业参与避峰的负荷进行归类、汇总；⑦节能变压器 EPP：是需要进行更新改造的变压器的统一归类、汇总。各类 EPP 实现的总目标都是节能减排，但在节电功能和效果上有所不同，具体见表 6-5。

表 6-5 各类 EPP 节电类型

EPP 种类	电力节约情况	电量节约情况	EPP 种类	电力节约情况	电量节约情况
照明设备	节约电力	节约电量	移峰设备	节约高峰电力	多耗电量
电机	—	节约电量	高效家电	节约电力	节约电量
调速设备	节约部分时段电力	节约电量	可中断负荷	节约电力	节约少量电量
节能变压器		节约电量			

　　面对当前应对气候变化的巨大压力，转变能源发展方式、调整能源结构、降低煤炭消费比重已在我国获得高度重视，电力工业是主要的煤炭消耗行业，通过大力发展太阳能发电等可再生能源，已逐步降低了对煤炭等化石能源的依赖。然而，太阳能发电等可再生能源固有的不确定性，相较火电等常规能源，对系统的调节能力提出了巨大需求，如果这些可再生能源的发展不考虑与系统调节能力的合理规划，未来可再生能源窝电、限电现象将会持续，并严重制约可再生能源的发展以及减排目标工作的实现。综合当前新形势需要，本章改进了我国综合资源战略规划模型，以整个规划期的社会总投入最小为目标函数，统筹考虑电力供需两侧各环节的制约因素，通过全局优化，得到未来逐年的电源装机、发电量、各种污染物排放量、相关投资运行费用等情况。具体目标函数、约束条件如下：

一、目标函数

　　目标函数为规划期内总成本 f 最小（考虑资金的时间价值），包括电源成本 C^{Gen}、EPP 成本 C^{EPP} 和排放成本 C^{Emi}，公式为：

$$\min f = C^{Gen} + C^{EPP} + C^{Emi} \tag{6.1}$$

（一）电源成本

电源成本 C^{Gen} 包括规划期内各年投运机组的固定费用和所有机组的运行费用，公式为：

$$C^{Gen} = C_{cap}^{Gen} + C_{run}^{Gen} \tag{6.2}$$

其中，C_{cap}^{Gen} 为各年考虑建设补贴的投运机组固定投资之和；C_{run}^{Gen} 为各年考虑运行补贴的所有机组运行费用之和。

（二）能效电厂成本

能效电厂成本 C^{EPP} 包括规划期内各年新增 EPP 的固定费用和所有 EPP 的运行费用，公式为：

$$C^{EPP} = C_{cap}^{EPP} + C_{run}^{EPP} \tag{6.3}$$

其中，C_{cap}^{EPP} 为各年考虑推广补贴的新增 EPP 固定投资之和；C_{run}^{EPP} 为各年考虑运行补贴的所有能效电厂运行费用之和。

（三）排放费用

排放费用 C^{Emi} 包含规划期内各年各类电厂的污染物排放费用，公式为：

$$C^{Emi} = C_{CO_2}^{Emi} + C_{SO_2}^{Emi} + C_{NO_x}^{Emi} \tag{6.4}$$

其中，$C_{CO_2}^{Emi}$、$C_{SO_2}^{Emi}$、$C_{NO_x}^{Emi}$ 分别为各年 CO_2、SO_2、NO_X 的排放费用之和。

二、约束条件

模型涉及电力供需两侧各个环节，包含十余类约束，下面将介绍其中主要的约束条件：

（一）装机规模约束

装机规模约束指每年各类电源（包含 EPP）的装机规模不超过一

定的限度，公式为：

$$P_{m,y-1}^{endGen}+P_{m,y}^{newGen}\leqslant P_{m,y}^{maxGen} \tag{6.5}$$

其中，$P_{m,y-1}^{endGen}$ 为第 $y-1$ 年末第 m 类机组的装机容量（考虑机组退役情况）；$P_{m,y}^{newGen}$ 为第 y 年第 m 类机组的新增装机容量；$P_{m,y}^{maxGen}$ 表示第 y 年末第 m 类机组的最大装机容量限度。

（二）电力约束

电力约束指常规电源装机容量（考虑备用容量）与能效电厂等效容量之和不小于最大负荷需求，公式为：

$$L_y^{max}\leqslant \sum_m P_{m,y}^{endEGen}+\sum_e P_{e,y}^{endEEPP} \tag{6.6}$$

其中，L_y^{max} 为第 y 年的最高负荷需求预测值；$P_{m,y}^{endEGen}$ 为第 y 年末第 m 类机组的有效出力；$P_{e,y}^{endEEPP}$ 为第 y 年末第 e 类 EPP 的等效容量。

（三）电量约束

电量约束指常规电源发电量与能效电厂等效发电量之和等于总电量需求，公式为：

$$E_y^{maxL}=\sum_m E_{m,y}^{Gen}+\sum_e E_{e,y}^{EEPP} \tag{6.7}$$

其中，E_y^{maxL} 为第 y 年的电量需求预测值；$E_{m,y}^{Gen}$ 为第 y 年第 m 类机组的发电量；$E_{e,y}^{EEPP}$ 为第 y 年第 e 类 EPP 的等效发电量。

（四）调峰约束

调峰约束指常规电源、能效电厂的可调容量之和不小于不确定性电源（主要是风电、太阳能发电）的有效出力与系统最大峰谷差之和，公式为：

$$\Delta L_y^{maxV}+\sum_w P_{w,y}^{endEGen}\leqslant \sum_m A_{m,y}^{endGen}+\sum_e A_{e,y}^{endEEPP} \tag{6.8}$$

其中，ΔL_y^{maxV} 为第 y 年的最大峰谷差；$P_{w,y}^{endEGen}$ 为第 y 年末不确定性电源 w 的有效出力；$A_{m,y}^{endGen}$、$A_{e,y}^{endEEPP}$ 分别为第 y 年末常规电源的可调节

容量、能效电厂的等效可调节容量。

（五）污染物排放约束

污染物排放约束指每年化石能源发电排放的 CO_2、SO_2、NO_x 不大于限定值，公式为：

$$\sum_m \left(E_{m,y}^{endGen} \times I_{m,y}^{O} \right) \leq O_y^{max} \tag{6.9}$$

$$\sum_m \left(E_{m,y}^{endGen} \times I_{m,y}^{S} \right) \leq S_y^{max} \tag{6.10}$$

$$\sum_m \left(E_{m,y}^{endGen} \times I_{m,y}^{N} \right) \leq N_y^{max} \tag{6.11}$$

其中，$E_{m,y}^{endGen}$ 为第 y 年末第 m 类机组的发电量；$I_{m,y}^{O}$、$I_{m,y}^{S}$、$I_{m,y}^{N}$ 分别为第 y 年第 m 类机组的 CO_2、SO_2、NO_x 排放强度；O_y^{max}、S_y^{max}、N_y^{max} 分别为第 y 年 CO_2、SO_2、NO_x 的排放限值。

（六）补贴约束

补贴约束指电源补贴（固定成本补贴和运行成本补贴）和 EPP 补贴不能高于一定限度，公式为：

$$S_y^{Gen} + S_y^{EPP} \leq S_y^{max} \tag{6.12}$$

其中，S_y^{Gen} 为第 y 年的电源补贴；S_y^{EPP} 为第 y 年的 EPP 补贴；S_y^{max} 为第 y 年的补贴上限。

｜第五节｜
考虑复杂不确定性光伏发电的综合资源战略规划思路

如何在规划平台中全面考虑规划涉及的不同因素的复杂不确定性，处理好装机发展与电力需求、非化石能源与化石能源发展、经济发展与环境保护等的协调规划，实现大数据视角的综合分析，关键是处理那些既包含随机性又具有模糊性的不确定性因素。所以本节引入随机模糊模拟，将电力需求和各类可再生能源装机成本的复杂不确定性模型与综合资源战略规划方法相结合。如图 6-11 所示，首先根据构建的复杂不确定性模型模拟未来各种可能的发展状态；其次采用 IRSP 计算各种状态的系统装机、发电量、排放等情况；最后对得到的各种可能的 IRSP 结果进行大数据综合评估，获取规划各指标的集合期望值和最大边界。具体步骤如下：

第一步：读取各水平年电力需求和各类可再生能源装机成本等的初始参数数据，形成系统的基本信息，令算子 $e=0$，抽样次数 $i=1$。

第二步：从 Θ 中抽取满足 $P_{OS}\{\theta_k\} \geqslant \varepsilon_r$ 的一个 θ_k，分别确定各水平年电力需求和各类可再生能源装机成本的模糊变量值，得到一组模糊抽样向量：$\xi_{i,D,y}$，$\xi_{i,G,y}$，其中，ε_r 是一个充分小的正数。

第三步：根据得到的模糊抽样向量 $\xi_{i,D,y}$，$\xi_{i,G,y}$ 和对应的随机参数确定系统的状态向量 $\varepsilon_{D,y}(\xi_{i,D,y})$，$\varepsilon_G(\xi_{i,G,y})$，从而消除向量的模糊性，将随机模糊模型转化为随机模型（不存在随机性的向量跳过此随机抽样过程），并采用 IRSP 计算各种状态的系统装机、发电量、排放等指标，计算各指标的期望值 $E_{pro}[\varepsilon_{i,Index}]$。

179

第四步：令抽样次数 $i=i+1$，重复第二步至第三步 N 次。

第五步：设 $a = \min_{1 \leqslant i \leqslant N} E_{pro}\left[\varepsilon_{i,Index}\right]$，$b = \max_{1 \leqslant i \leqslant N} E_{pro}\left[\varepsilon_{i,Index}\right]$，设循环控制量 $w=1$。

第六步：从区间 $\left[a, b\right]$ 中均匀产生 r_w，并计算 $e = e + C_r\{\theta \in \Theta \mid E_{pro}\left[\varepsilon_{i,\ Index}\right] \geqslant r_w\}$。

第七步：令循环控制量 $w=w+1$，重复第六步 N 次。

第八步：最后对得到的各种可能的 IRSP 结果进行大数据综合评估，获取规划各指标的期望值和最大边界（可能最大值、可能最小值）。

期望值：$E_C = E_{pro-fuz}\left[\varepsilon_{i,\ Index}\right] = a \bigvee 0 + b \bigwedge 0 + e \times (b-a)/N$。

可能最大值：$\varepsilon_{\sup}^{Index}(\gamma, \delta) = \sup\{r \mid \mathrm{Ch}\{\varepsilon^{Index} \geqslant r\}(\gamma) \geqslant \delta\}$。

可能最小值：$\varepsilon_{\inf}^{Index}(\gamma, \delta) = \inf\{r \mid \mathrm{Ch}\{\varepsilon^{Index} \leqslant r\}(\gamma) \geqslant \delta\}$。

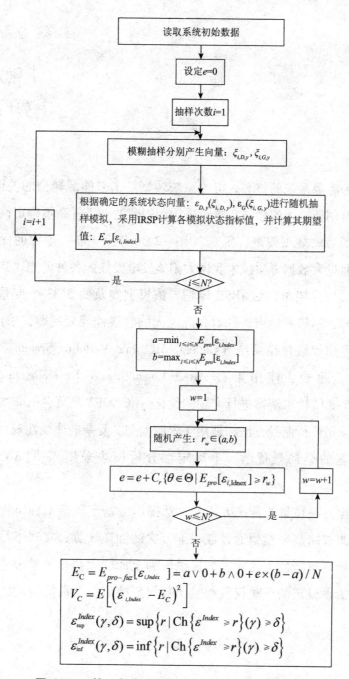

图 6-11　基于复杂不确定性模拟的 IRSP 流程图

| 第六节 |

算例分析

作为能源系统的核心，电力系统转型是未来能源转型的关键领域，也是最具创新潜力的领域。本章采用新构建的基于复杂不确定性分析的综合资源战略规划模型，研究 2016—2030 年全国各类电源的优化发展情况，通过大数据方法探索我国太阳能发电发展的各种可能。其中，电源规划模块采用单区域 IRSP 模型，该模型涉及约 3533 个变量，2931 余个等式、不等式约束。针对如此庞大的非线性规划问题，采用可靠、高效的通用代数建模系统（General Algebraic Modeling System，GAMS）作为开发平台，使用来自 ARKI Consulting & Development A/S 的 CONOPT 非线性求解器进行问题的优化。CONOPT 是著名的非线性求解器，它使用可行路径方法，适用于求解大型、复杂的非线性规划，能够获得问题的全局最优解。不确定性分析模块采用 MATLAB R2013b 编写。

相比有限情景的传统方法，本章提出的基于复杂不确定性分析的综合资源战略规划模型通过成千上万次的抽样计算，实现了尽可能囊括未来所有可能发生的状态，提供较为全面的大数据评估参考，而传统有限情景设定的方法仅仅相当于新模型结果的个别特例，如图6-12所示。

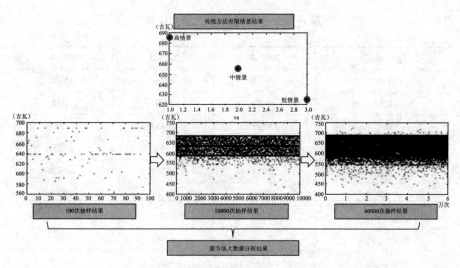

图 6-12 新大数据方法与传统情景方法对比

一、规划边界和约束条件

（一）装机类型

基于复杂不确定性分析的综合资源战略规划模型包含水电、抽水蓄能电站、煤电、气电、核电、陆上风电、海上风电、集中式光伏、分布式光伏、光热发电、生物质发电共 11 种常规电源类型和需求响应、电动汽车、需求侧管理 3 类需求侧 EPP 资源。其中，需求侧管理 EPP 主要包含照明设备、高效电机、调速设备、高效家电、节能变压器等需求侧节能设备。

（二）电力供应

根据已有的资源潜力和发展预期研究成果，全国各类型电源（含EPP）最大装机潜力上限综合判断见表 6-6。

表 6-6　各类电源装机潜力上限

单位：万千瓦

装机类型	2020 年	2025 年	2030 年
水电	36000	41210	45000
抽水蓄能电站	6000	8500	11000
煤电	150000	150000	150000
气电	11500	17500	26000
核电	5800	9700	13600
陆上风电	27500	55200	64000
海上风电	610	800	1000
集中式光伏	52149	62998	73847
分布式光伏	18147	30075	34226
光热发电	1000	2600	4100
生物质发电	1893	3590	7037
需求响应	5000	9000	13800
电动汽车	3500	21000	70000
需求侧管理	11200	20790	35280

　　参照限额设计标准，结合当前相关电厂实际投资情况，水电、抽水蓄能电站、煤电、气电、核电单位装机成本变化相对稳定，见表 6-7；各类机组运行费用参照各类机组当前费用水平和成本路线图设定，见表 6-8。

表 6-7　各类电源单位装机成本

单位：元/千瓦

规划水平年份	水电	抽水蓄能电站	煤电	气电	核电
2020	5000	5000	3300	3800	11000
2025	5000	5000	3300	3500	10000
2030	5000	5000	3200	3300	9000

表 6-8　各类电源单位运行费用

单位：元/千瓦时

装机类型	2020 年	2025 年	2030 年
水电	0.02	0.02	0.02
抽水蓄能电站	0.02	0.02	0.02
煤电	0.35	0.35	0.38
气电	0.35	0.35	0.35
核电	0.10	0.10	0.10
陆上风电	0.03	0.03	0.03
海上风电	0.05	0.05	0.05
集中式光伏	0.07	0.07	0.06
分布式光伏	0.05	0.05	0.05
光热发电	0.52	0.38	0.29
生物质发电	0.45	0.43	0.42
需求响应	0.75	0.75	0.75
电动汽车	2.50	2.00	1.00
需求侧管理	0.00	0.00	0.00

各类电源的使用寿命见表 6-9，新机组投产当年利用率按 30% 计算。

表 6-9　各类电源使用寿命

单位：年

水电	抽水蓄能电站	煤电	气电	核电	陆上风电	海上风电
40	40	25	25	50	20	20

集中式光伏	分布式光伏	光热发电	生物质发电	需求响应	电动汽车	需求侧管理
15	15	15	25	1	10	10

水电、抽水蓄能电站、煤电、气电、核电、陆上风电、海上风电、集中式光伏、分布式光伏、光热发电、生物质发电、需求响应、电动汽车、需求侧管理最大利用小时数上限参考资源情况、机组设计值和实际使用情况设定，见表6-10。

表6-10 各类电源最大利用小时数上限

单位：小时

装机类型	2020年	2025年	2030年
水电	3800	3800	3800
抽水蓄能电站	3000	3000	3000
煤电	5800	5800	5800
气电	5000	5000	5000
核电	7500	7500	7500
陆上风电	1900	2000	2200
海上风电	2500	2600	2700
集中式光伏	1500	1500	1500
分布式光伏	1400	1400	1400
光热发电	1800	1900	2000
生物质发电	4200	4200	4500
需求响应	100	100	100
电动汽车	2000	2500	2500
需求侧管理	1000	1000	1000

（三）电力需求

未来规划水平年全国电量需求（三角模糊分布）和负荷需求（正态随机分布）分别如图6-13和图6-14所示。

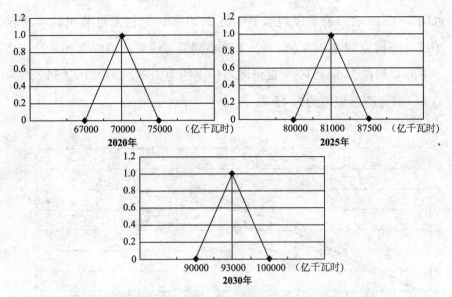

图 6-13　2020 年、2025 年、2030 年电量需求三角模糊分布

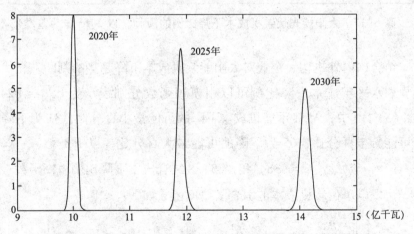

图 6-14　2020 年、2025 年、2030 年负荷需求正态随机分布

（四）光伏发电成本

根据 IRENA（2016 年）、IEA（2009 年）、欧盟（EU）（2010 年）、日本研究机构（2010 年）、US DOE（2009 年）和国家发改委能源所（2015 年）分别对未来太阳能光伏发电装机成本下降比例进行的预测，

如图 6-15 所示，未来规划水平年份 2020 年，光伏发电装机成本相较
2015 年下降空间在 24%~65%，下降空间最可能希望值约为 31%；2025
年下降空间在 34%~57%，最可能希望值约为 38%；2030 达到 38%~
63%，最可能希望值约为 45%。

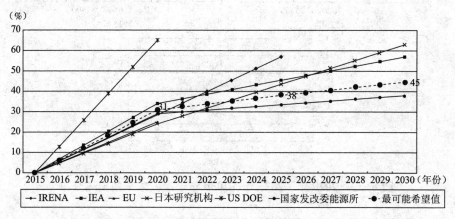

图 6-15 太阳能光伏装机成本下降比例的预测（以 2015 年为基准）

结合国内外机构、企业对太阳能装机成本下降趋势的判断，光伏发
电规划水平年成本下降比例可以用模糊函数分别表示为 $c_{2020}^{PV} = (24,$
$31, 65)$（其中，24 表示装机成本下降的可能最小百分比，31 为下降的
最可能希望百分比，65 为下降的可能最大百分比，以下类似）、$c_{2025}^{PV} =$
$(34, 38, 57)$、$c_{2030}^{PV} = (38, 45, 63)$，结合成本下降比例模糊函数，建
立光伏发电单位装机成本的综合隶属度函数如下：

$$\mu(p_{rice, y}^{PV}) = \begin{cases} \dfrac{p_{rice, y}^{PV} - p_{L, y}^{PV} p_{rice, 2015}^{PV}}{p_{M, y}^{PV} p_{rice, 2015}^{PV} - p_{L, y}^{PV} p_{rice, 2015}^{PV}}, & p_{L, y}^{PV} p_{rice, 2015}^{PV} \leqslant p_{rice, y}^{PV} \leqslant p_{M, y}^{PV} p_{rice, 2015}^{PV} \\[4mm] \dfrac{p_{H, y}^{PV} p_{rice, 2015}^{PV} - p_{rice, y}^{PV}}{p_{H, y}^{PV} p_{rice, 2015}^{PV} - p_{M, y}^{PV} p_{rice, 2015}^{PV}}, & p_{M, y}^{PV} p_{rice, 2015}^{PV} \leqslant p_{rice, y}^{PV} \leqslant p_{H, y}^{PV} p_{rice, 2015}^{PV} \\[4mm] 0, & other \end{cases}$$

$$(6.13)$$

其中，$\mu\left(p_{rice,y}^{PV}\right)$ 表示第 y 年单位装机成本模糊变量 $p_{rice,y}^{PV}$ 的隶属度函数；$p_{rice,y}^{PV}$ 为光伏发电第 y 年的单位装机成本；$p_{rice,2015}^{PV}$ 表示 2015 基准年的单位装机成本；$p_{L,y}^{PV}p_{rice,2015}^{PV}$、$p_{M,y}^{PV}p_{rice,2015}^{PV}$、$p_{H,y}^{PV}p_{rice,2015}^{PV}$ 为第 y 年单位装机成本的可能最小值、最可能希望值以及可能最大值，其中系数 $p_{L,y}^{PV}$、$p_{M,y}^{PV}$、$p_{H,y}^{PV}$ 根据成本下降比例模糊函数计算得到，并且为尽可能全面囊括未来可能的发展状态，$p_{L,y}^{PV}$、$p_{H,y}^{PV}$ 需要按比例适当放宽。

（五）需求侧资源

能效电厂的发电量系数＝节能设备发电量÷节能设备用电量；能效电厂的出力系数＝出力÷设备容量。根据调研典型能效电厂数据，设定各类 EPP 发电量系数和出力系数，见表 6-11。

表 6-11　各类能效电厂发电量系数和出力系数

指标	需求响应	电动汽车	需求侧管理
发电量系数	1.0	0.1	0.1
出力系数	1.0	0.1	0.1

根据能源所、国家电网公司等单位专家对全国能效电厂的估算，按照未来负荷情况，测算各类需求侧资源潜力，见表 6-12。

表 6-12　规划水平年份各类能效电厂潜力

单位：万千瓦

能效电厂类型	2020 年	2025 年	2030 年
需求响应	5000	9000	13800
电动汽车	3500	21000	70000
需求侧管理	11200	20790	35280

（六）排放约束

参考国家电网公司估算，未来全国 CO_2、SO_2、NO_x 排放约束见表 6-13。

表 6-13 规划水平年排放约束

单位：万吨

排放约束	2020 年	2025 年	2030 年
CO_2排放总量约束	680000	850000	950000
SO_2排放总量约束	4890	5460	5850
NO_x排放总量约束	4890	5460	5850

（七）平衡原则

进行电源优化平衡时，综合备用率取 20%。

二、电力供应情况分析

根据大数据综合分析获得的未来最可能的结果（期望值），我国2016—2030 年的电力供应情况如下：

（一）从装机容量来看，我国的电源结构将继续优化

如图 6-16 所示，我国的火电（煤电、气电）装机容量仍将保持较快增长，2020 年、2025 年、2030 年火电装机容量将分别达到 953 吉瓦、1121 吉瓦、1363 吉瓦，2016—2020 年年均增速为 -0.8%，2021—2025年年均增速回升至 3.3%，2026—2030 年年均增速继续上升至 4.0%；装机容量占比则呈现不断下降趋势，从 2020 年的 42.5%下降至 2025 年的 32.8%，2030 年进一步降至 28.1%。

受到水电可开发资源限制，水电装机容量保持平稳增长。2016—2020年年均增速为 3.5%，2021—2025 年年均增速为 5.2%，2026—2030 年年均增速下降到 2.7%；水电装机年均增速占比同样呈现下降趋势，从 2020年的 16.9%，下降到 2025 年 14.3%，2030 年进一步下降至 11.5%。

未来核电将继续较快增长，装机年均增速占比平稳提升，2020 年、2025 年和 2030 年装机年均增速占比分别为 2.6%、2.8%和 2.8%。

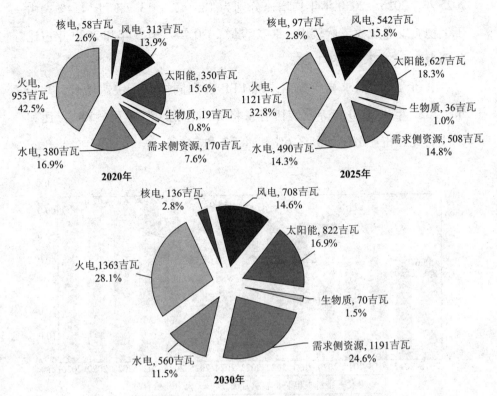

图6-16 2020年、2025年、2030年中国装机结构

风电装机容量将继续保持高速增长,2020年、2025年、2030年风电装机容量将分别达到313吉瓦、542吉瓦、708吉瓦,2016—2020年年均增速为19.5%,2021—2025年年均增速下降至11.6%,2026—2030年年均增速继续下滑至5.5%;风电装机容量将保持较高占比,2020年、2025年和2030年占比分别为13.9%、15.8%和14.6%。

太阳能发电同样继续保持高速发展,2016—2020年将保持年均53.1%的高增速,随后2021—2025年年均增速回落至12.4%,2026—2030年进一步降至5.6%;2020年太阳能发电装机容量占比将达到15.6%,2025年升至18.3%,2030年下降至16.9%。

生物质发电装机容量同样保持高速增长,2016—2020年、2021—

191

2025 年、2026—2030 年年均增速分别为 185.4%、13.7% 和 14.4%；由于生物质发电规模依然较小，装机容量 2020 年、2025 年和 2030 年占比分别为 0.8%、1.0% 和 1.5%。

电动汽车、需求响应等需求侧 EPP 资源同样保持快速增长，2020年、2025 年和 2030 年等效装机容量将分别达到 170 吉瓦、508 吉瓦和1191 吉瓦，占比分别达到 7.6%、14.8% 和 24.6%。

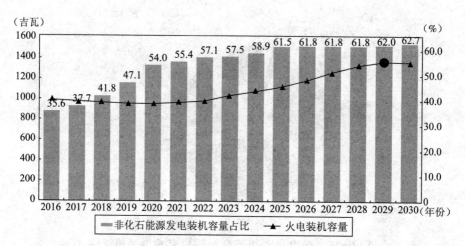

图 6-17   2016—2030 年中国火电装机容量和非化石能源装机容量占比

总的来看，2016—2030 年我国火电装机容量呈现"先逐步下降，2021 年开始逐步回升，2029 年达峰，然后再次逐步下降"的发展过程，火电峰值装机容量达到 1369 吉瓦；与此同时，非化石能源发电装机容量占比呈现较快增长，2020 年为 54.0%，2030 年达到 62.7%。

（二）从全国发电量来看，可再生能源发电量比重继续快速提升

火电发电量在 2018 年达到峰值 4725 太瓦时，随后逐年下降。发电量占比从 2020 年的 61.9% 下降至 2025 年的 47.5%，2030 年进一步下降至 35.8%。

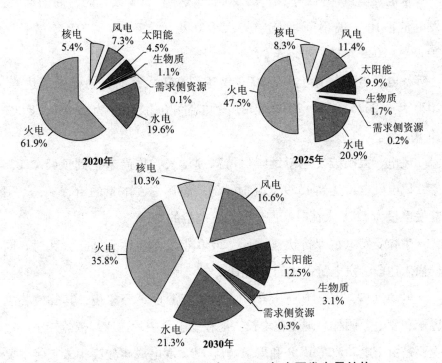

图6-18 2020年、2025年、2030年中国发电量结构

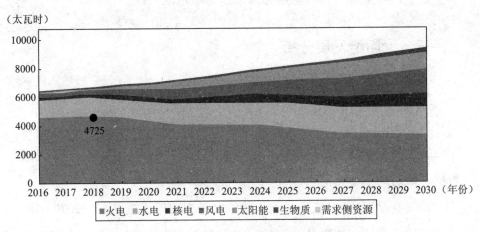

图6-19 2016—2030年我国发电量发展变化情况

水电发电量保持平稳增长，2030 年达到 2002 太瓦时，尚未达峰；发电量占比呈现不断增长趋势，2020 年为 19.6%，2025 年增长至 20.9%，2030 年进一步增至 21.3%。

核电发电量快速上升，2030 年达到 973 太瓦时，同样尚未达峰，2020 年、2025 年和 2030 年的发电量占比分别为 5.4%、8.3% 和 10.3%。

风电、太阳能发电量继续保持高速增长，均尚未达到顶峰。2030 年，风电发电量达到 1559 太瓦时，约占全国总发电量的 16.6%；太阳能发电量为 1178 太瓦时，占全国总发电量的 12.5%。

生物质发电也保持快速增长，2030 年发电量达到 289 太瓦时，同样尚未达峰，发电量占比约为 3.1%。

电动汽车、需求响应等需求侧 EPP 资源也不容忽视，其等效装机容量和发电量同样呈现快速增长，但在发电量中的占比却依然较小。这主要是由于电动汽车 EPP 和需求响应 EPP 度电成本较高，未来将主要充当系统备用以及为风、光等波动性电源提供调节能力，弥补火电装机容量比重下降造成的系统备用和调节能力不足的问题。

三、太阳能发展分析

（一）集中式光伏

1. 从装机容量看，2019 年以后集中式光伏发展将具有较大的不确定性，期望值和最大边界整体均保持快速增长，但同样期望值与最大边界的达峰时间不尽相同

如图 6-20 所示，集中式光伏装机容量的期望值在 2016—2030 年继续保持快速增长，2029 年达到此阶段的峰值 475 吉瓦，未来 15 年年均增速约为 18.5%；而集中式光伏装机容量的可能最大值同样在 2029 年达到此阶段的峰值 700 吉瓦，2016—2030 年年均增速达到 21.6%，高于期望值年均增速 3.1 个百分点；集中式光伏装机的可能最小值则呈现"间歇式增长"的趋势，2019—2020 年保持稳定增长，2020—2026 年基本无增长，2027 年恢复一定增长，并达到此阶段的峰值 122 吉瓦，此后将一直保持该装机容量至 2030 年，2016—2030 年年均增速约为 8.3%，低于期望值年均增速 10.2 个百分点。通过与传统方法（单区域 IRSP 模型）结果进行比较可以发现，传统方法规划值在期望值与可能最小值之间，严重低估了集中式光伏发电的发展速度。

2. 从发电量看，2019 年以后集中式光伏发电量的不确定性将不断加大，期望值和最大边界均呈现不断增长的趋势

2020 年集中式光伏发电量的可能最大值、期望值和可能最小值分别为 217 太瓦时、161 太瓦时和 117 太瓦时；2025 年分别为 784 太瓦时、498 太瓦时和 136 太瓦时；2030 年分别为 1051 太瓦时、712 太瓦时和 183 太瓦时。

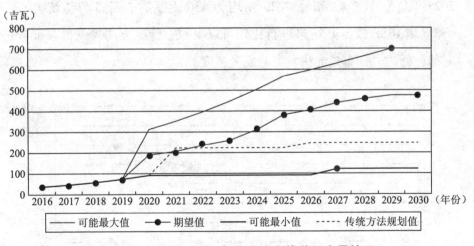

图 6-20　2016—2030 年集中式光伏装机容量情况

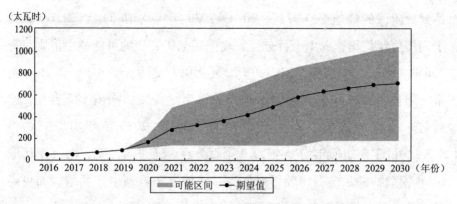

图 6-21 2016—2030 年集中式光伏发电量情况

（二）分布式光伏

从装机容量和发电量看，未来分布式光伏发展的不确定性很小，期望值和最大边界均将保持快速增长。分布式光伏装机容量的期望值、可能最大值和可能最小值基本一致，年均增速均为 30.9%；2020 年分布式光伏发电量的期望值、可能最大值和可能最小值均为 157 太瓦时，2025 年均为 317 太瓦时，2030 年均为 456 太瓦时。通过与传统方法（单区域 IRSP 模型）结果进行比较可以发现，传统方法规划值在部分时间段低估了分布式光伏发电的发展速度。

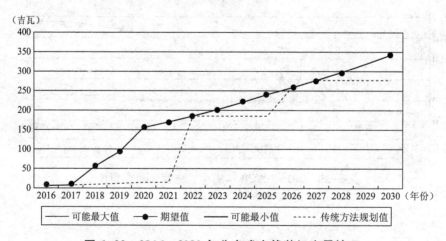

图 6-22 2016—2030 年分布式光伏装机容量情况

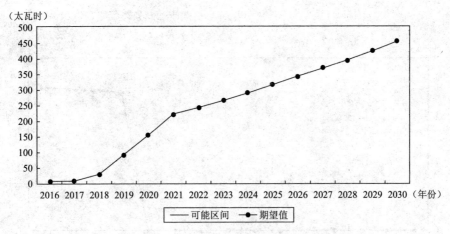

（太瓦时）

图 6-23　2016—2030 年分布式光伏发电量情况

（三）光热发电

受到成本限制，光热发电将在 2020 年后缓慢发展，在无政策扶持的情况下，未来无论装机容量还是发电量的不确定程度均较小。在"十三五"规划的约束下，2016—2020 年光热发电装机容量保持快速增长，其后由于装机成本和无政策扶持，基本无发展，维持在 5 吉瓦左右的装机规模。光热发电的发电量基本维持在 9~10 太瓦时。同样由于成本制约，传统方法（单区域 IRSP 模型）的光热发电规划值与新方法规划结果基本一致。

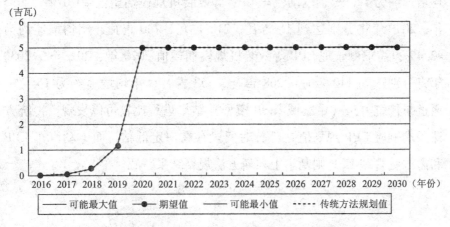

（吉瓦）

图 6-24　2016—2030 年光热发电装机容量情况

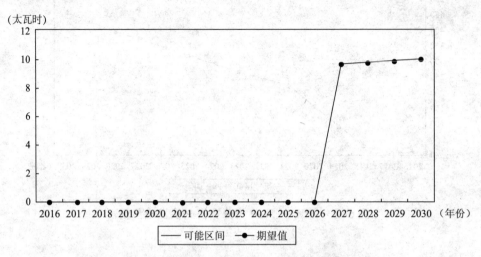

图 6-25　2016—2030 年光热发电发电量情况

（四）需求侧 EPP

需求响应 EPP 发展将在 2018—2025 年存在一定的不确定性，而电动汽车 EPP、需求侧管理 EPP 未来发展的不确定性较小，需求侧 EPP 资源均将保持高速增长。其中，需求响应 EPP 等效装机规模期望值 2020 年、2025 年、2030 年将分别达到 43 吉瓦、90 吉瓦、138 吉瓦，年均增速约为 12.9%；电动汽车 EPP 等效装机规模期望值 2020 年、2025 年、2030 年将分别达到 15 吉瓦、210 吉瓦、700 吉瓦，年均增速约为 42.4%；需求侧管理 EPP 等效装机规模期望值 2020 年、2025 年、2030 年将分别达到 112 吉瓦、208 吉瓦、353 吉瓦，年均增速约为 15.4%。通过与传统方法（单区域 IRSP 模型）结果进行比较可以发现，传统方法需求响应 EPP 规划值在部分时间段存在一定低估，而电动汽车 EPP 和需求侧管理 EPP 则基本上与新方法规划结果一致。

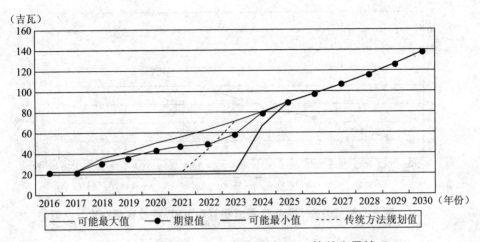

图 6-26   2016—2030 年需求响应 EPP 等效容量情况

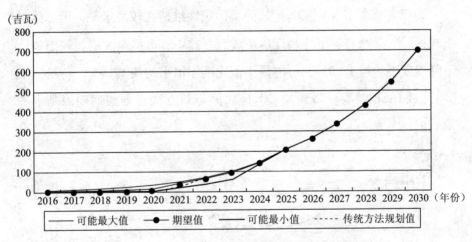

图 6-27   2016—2030 年电动汽车 EPP 等效容量情况

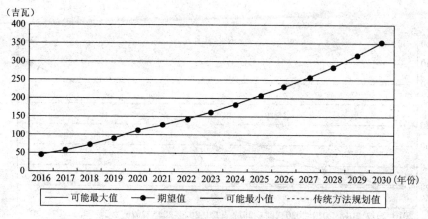

图 6-28　2016—2030 年需求侧管理 EPP 等效容量情况

四、排放情况分析

2017 年开始，发电 CO_2 排放的不确定性维持在较高水平，但总体将呈现逐步下降趋势，下降幅度逐步放缓。其中，可能最大值相较期望值下降程度平均慢 13.7%，可能最小值比期望值平均快 12.9%。传统方法（单区域 IRSP 模型）得到的 CO_2 排放值与新方法规划的期望值基本一致，偏差不大。

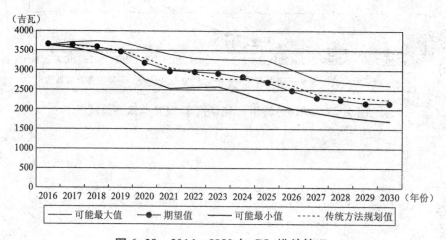

图 6-29　2016—2030 年 CO_2 排放情况

│第七节│
小结

　　科学合理的光伏发电规划是光伏发电可持续发展的重要基础和前提。本章首先介绍了全球能源转型发展情况，重点介绍了全球可再生能源发展形势，分析了我国自 2000 年以来的电力消费、电力供应以及电力供需形势；其次综述了国内外电力规划方法的发展情况，在已有的综合资源战略规划模型的基础上，应用提出的光伏发电复杂不确定性规划模型，构建了全新的基于复杂不确定性模拟的综合资源战略规划方法；最后以规划集合期望值和最大边界的模式代替情景设置，从大数据规划的视角全面地研究了 2016—2030 年全国各类电源的优化发展情况，探索了我国太阳能发电发展的各种可能。

　　通过研究发现，未来我国电源结构将继续优化，可再生能源比重持续快速提升，需求侧资源也将保持较快增长；太阳能发电的综合优势将逐步显现，但集中式光伏发电未来发展仍将具有较高的不确定性。

| 参考文献 |

［1］王锡凡．电力系统优化规划［M］．北京：水利电力出版社，1990．

［2］吴耀武，侯云鹤，熊信艮，等．基于遗传算法的电力系统电源规划模型［J］．电网技术，1999（3）：11-15．

［3］Ravn H. F., Hindsberger M., Petersen M., et al. Balmorel: A Model for Analyses of the Electricity and CHP Markets in the Baltic Sea Region. Appendices［J］. Review of Religious Research, 2001, 39 (3): 264-272.

［4］Kitous A., Criqui P., Bellevrat E., et al. Transformation Patterns of the Worldwide Energy System - Scenarios for the Century with the POLES Model［J］. Energy Journal, 2010, volume 31 (1): 49-82.

［5］Hu Z., Tan X., Fan Y., et al. Integrated Resource Strategic Planning: Case Study of Energy Efficiency in the Chinese Power Sector［J］. Energy Policy, 2010, 38 (11): 6391-6397.

［6］Short W., Sullivan P., Mai T., et al. Regional Energy Deployment System (ReEDS)［R］. Office of Scientific & Technical Information Technical Reports, 2011.

［7］Doucette R. T., Mcculloch M. D. Modeling the CO_2 Emissions from Battery Electric Vehicles Given the Power Generation Mixes of Different Countries［J］. Energy Policy, 2011, 39 (2): 803-811.

［8］康重庆，夏清，徐玮．电力系统不确定性分析［M］．北京：科学出版社，2011．

［9］Pina A., Silva C., Ferrão P. The Impact of Demand Side Management Strategies in the Penetration of Renewable Electricity［J］. Energy, 2012, 41 (1): 128-137.

[10] Vithayasrichareon P. , Macgill I. F. A Monte Carlo Based Decision-support Tool for Assessing Generation Portfolios in Future Carbon Constrained Electricity Industries [J]. Energy Policy, 2012, 41 (4): 374-392.

[11] Vithayasrichareon P. , Macgill I. F. Portfolio Assessments for Future Generation Investment in Newly Industrializing Countries-A Case Study of Thailand [J]. Energy, 2012, 44 (1): 1044-1058.

[12] Sarica K. , Tyner W. E. Analysis of US Renewable Fuels Policies Using a Modified MARKAL Model. [J]. Renewable Energy, 2013, 50 (3): 701-709.

[13] 赵勇强. 2050 年我国高比例可再生能源情景的初步思考 [J]. 中国能源, 2013, 35 (5): 5-11.

[14] 胡兆光, 韩新阳. 综合资源规划及电力需求侧管理 [M]. 中国电力出版社, 2013.

[15] Tobergte D. R. , Curtis S. BP Energy Outlook, 2016 [R]. 2013.

[16] Mcpherson M. , Karney B. Long-term Scenario Alternatives and Their Implications: LEAP Model Application of Panama's Electricity Sector [J]. Energy Policy, 2014 (68): 146-157.

[17] Jakobsson K. , Söderbergh B. , Snowden S. , et al. Bottom-up Modeling of Oil Production: A Review of Approaches [J]. Energy Policy, 2014, 64 (6): 113-123.

[18] Château J. , Magné B. , Cozzi L. Economic Implications of the IEA Efficient World Scenario [R]. General Information, 2014.

[19] Spiecker S. , Weber C. The Future of the European Electricity System and the Impact of Fluctuating Renewable Energy - A Scenario Analysis [J]. Energy Policy, 2014, 65 (2): 185-197.

附录

IEEE30节点系统主要数据

COMPLEX UNCERTAINTY ANALYSIS AND MODELING OF
PHOTOVOLTAIC POWER SYSTEM
AND ITS APPLICATION

附表 1　IEEE30 节点系统节点数据

节点序号	节点类型	有功需求（兆瓦）	无功需求（兆乏）	地区编号	电压幅值（标幺值）	电压相角（度）	基准电压（千伏）	电压最大幅值（标幺值）	电压最小幅值（标幺值）
1	3	0	0	1	1	0	135	1.05	0.95
2	2	21.7	12.7	1	1	0	135	1.1	0.95
3	1	2.4	1.2	1	1	0	135	1.05	0.95
4	1	7.6	1.6	1	1	0	135	1.05	0.95
5	1	0	0	1	1	0	135	1.05	0.95
6	1	0	0	1	1	0	135	1.05	0.95
7	1	22.8	10.9	1	1	0	135	1.05	0.95
8	1	30	30	1	1	0	135	1.05	0.95
9	1	0	0	1	1	0	135	1.05	0.95
10	1	5.8	2	3	1	0	135	1.05	0.95
11	1	0	0	1	1	0	135	1.05	0.95
12	1	11.2	7.5	2	1	0	135	1.05	0.95
13	2	0	0	2	1	0	135	1.1	0.95
14	1	6.2	1.6	2	1	0	135	1.05	0.95
15	1	8.2	2.5	2	1	0	135	1.05	0.95
16	1	3.5	1.8	2	1	0	135	1.05	0.95
17	1	9	5.8	2	1	0	135	1.05	0.95
18	1	3.2	0.9	2	1	0	135	1.05	0.95
19	1	9.5	3.4	2	1	0	135	1.05	0.95
20	1	2.2	0.7	2	1	0	135	1.05	0.95
21	1	17.5	11.2	3	1	0	135	1.05	0.95
22	2	0	0	3	1	0	135	1.1	0.95
23	2	3.2	1.6	2	1	0	135	1.1	0.95
24	1	8.7	6.7	3	1	0	135	1.05	0.95
25	1	0	0	3	1	0	135	1.05	0.95
26	1	3.5	2.3	3	1	0	135	1.05	0.95
27	2	0	0	3	1	0	135	1.1	0.95
28	1	0	0	1	1	0	135	1.05	0.95
29	1	2.4	0.9	3	1	0	135	1.05	0.95
30	1	10.6	1.9	3	1	0	135	1.05	0.95

附表 2　IEEE30 节点系统发电机数据

节点序号	有功输出（兆瓦）	无功输出（兆乏）	最大无功输出（兆乏）	最小无功输出（兆乏）	电压设定幅值	机组基准功率	机组状态	最大有功输出（兆瓦）	最小有功输出（兆瓦）
1	23.54	0	150	−20	1	100	1	80	0
2	60.97	0	60	−20	1	100	1	80	0
22	21.59	0	62.5	−15	1	100	1	50	0
27	26.91	0	48.7	−15	1	100	1	55	0
23	19.2	0	40	−10	1	100	1	30	0
13	37	0	44.7	−15	1	100	1	40	0

附表 3　IEEE30 节点系统支路数据

输入节点	输出节点	电阻标幺值	电抗标幺值	总线路电纳标幺值	初始分状态	最小角度差	最大角度差
1	2	0.02	0.06	0.03	1	−360	360
1	3	0.05	0.19	0.02	1	−360	360
2	4	0.06	0.17	0.02	1	−360	360
3	4	0.01	0.04	0	1	−360	360
2	5	0.05	0.2	0.02	1	−360	360
2	6	0.06	0.18	0.02	1	−360	360
4	6	0.01	0.04	0	1	−360	360
5	7	0.05	0.12	0.01	1	−360	360
6	7	0.03	0.08	0.01	1	−360	360
6	8	0.01	0.04	0	1	−360	360
6	9	0	0.21	0	1	−360	360
6	10	0	0.56	0	1	−360	360
9	11	0	0.21	0	1	−360	360
9	10	0	0.11	0	1	−360	360

输入节点	输出节点	电阻标幺值	电抗标幺值	总线路电纳标幺值	初始分状态	最小角度差	最大角度差
4	12	0	0.26	0	1	−360	360
12	13	0	0.14	0	1	−360	360
12	14	0.12	0.26	0	1	−360	360
12	15	0.07	0.13	0	1	−360	360
12	16	0.09	0.2	0	1	−360	360
14	15	0.22	0.2	0	1	−360	360
16	17	0.08	0.19	0	1	−360	360
15	18	0.11	0.22	0	1	−360	360
18	19	0.06	0.13	0	1	−360	360
19	20	0.03	0.07	0	1	−360	360
10	20	0.09	0.21	0	1	−360	360
10	17	0.03	0.08	0	1	−360	360
10	21	0.03	0.07	0	1	−360	360
10	22	0.07	0.15	0	1	−360	360
21	22	0.01	0.02	0	1	−360	360
15	23	0.1	0.2	0	1	−360	360
22	24	0.12	0.18	0	1	−360	360
23	24	0.13	0.27	0	1	−360	360
24	25	0.19	0.33	0	1	−360	360
25	26	0.25	0.38	0	1	−360	360
25	27	0.11	0.21	0	1	−360	360
28	27	0	0.4	0	1	−360	360
27	29	0.22	0.42	0	1	−360	360
27	30	0.32	0.6	0	1	−360	360
29	30	0.24	0.45	0	1	−360	360
8	28	0.06	0.2	0.02	1	−360	360
6	28	0.02	0.06	0.01	1	−360	360